Die Werkbundsiedlung auf dem Weißenhof

100 Jahre zeitnah

Eine Publikation des
Deutschen Werkbunds
Baden-Württemberg
Herausgegeben von der
Stadtgruppe Stuttgart

avedition

Das Kassenhäuschen auf dem
Weißenhof, in dem über eine halbe
Million Eintrittskarten verkauft wurden

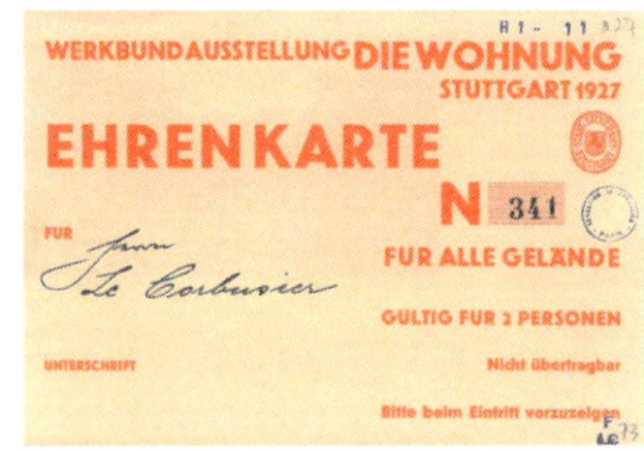

Ehrenkarte für die Ausstellung
gestaltet von Willi Baumeister, 1927

Klebemarke zur Werbung für
die Ausstellung gestaltet von
Willi Baumeister, 1927

Editorial

Am 1. September 1920, also vor 100 Jahren, beginnt die im Frühjahr gegründete Württembergische Arbeitsgemeinschaft des Deutschen Werkbunds ihre Arbeit. Der Zusammenschluss der in Württemberg wohnenden und tätigen Werkbundmitglieder entwickelt sich rasch zu einer lebendigen, unternehmungslustigen und stoßkräftigen Gruppe, die sich nach dem Ersten Weltkrieg verstärkt der Architektur und dem dringend benötigten Wohnungsbau zuwendet. »Die wirtschaftliche Struktur des Landes mit ihrer hochentwickelten Verarbeitungs- und Veredlungs-Industrie, mit ihren vortrefflichen Werkstätten, war ebenso ein gesunder Nährboden für Werkbund-Gedanken und -Taten, wie auch die geistige Haltung des schwäbischen Volkes in ihrer glücklichen Mischung von nüchternem Denken in allen wirtschaftlichen Fragen, weitstrebigem Idealismus und großer Aufgeschlossenheit geistigen Problemen gegenüber. Dazu trat eine großzügige und verständnisvolle Förderung unserer Arbeit und Pläne durch den württembergischen Staat, insbesondere das württembergische Landesgewerbeamt, durch die Stadt Stuttgart und eine kleine Anzahl opferbereiter Firmen und Persönlichkeiten«,[1] schreibt damals der Vorsitzende des DWB, Geheimrat Dr. Dr.-Ing. h. c. Peter Bruckmann zum zehnjährigen Bestehen der Arbeitsgemeinschaft 1930.

Unter den von der Arbeitsgemeinschaft bereits in den ersten zehn Jahren durchgeführten zahlreichen Projekten, Ausstellungen, Vortragsveranstaltungen und Publikationen nimmt die vom Juli bis Oktober 1927 stattfindende Internationale Werkbundausstellung **Die Wohnung, Stuttgart 1927** mit städtischer Siedlung auf dem Weißenhof, Hallenausstellung in der Gewerbehalle und **Internationaler Plan- und Modell-Ausstellung neuer Baukunst** in den städtischen Ausstellungshallen am Interimstheaterplatz unter der künstlerischen Leitung von Ludwig Mies van der Rohe, Berlin, einen besonderen Stellenwert ein. Binnen kurzer Zeit wird das bahnbrechende Projekt entwickelt und umgesetzt: Gustaf Stotz, Geschäftsführer der Württembergischen Arbeitsgemeinschaft des Deutschen Werkbunds berichtet in der Rückschau, dass im Herbst 1925 mit den ersten Vorarbeiten für die in Zusammenarbeit mit der Stadtverwaltung geplante Werkbundausstellung begonnen wurde, dann weitere Verhandlungen für die Durchführung der Ausstellung notwendig waren und erst im Oktober 1926 die notwendigen Beschlüsse vorlagen, um mit den eigentlichen Arbeiten beginnen zu können.[2]

Die besondere Bedeutung dieser Ausstellung würdigt Walter Riezler, Gründungsmitglied des Deutschen Werkbunds und Herausgeber der Zeitschrift **Die Form** drei Jahre nach der Eröffnung der Ausstellung und hebt dabei insbesondere die Einmaligkeit des Experiments, seinen generellen Erfolg, die sich abzeichnende neue Baukunst mit ihrer »einheitlichen, überpersönlichen Form, also einem echten **Stil**[3], hervor.

Die Internationale Werkbundausstellung **Die Wohnung, Stuttgart 1927** prägt noch immer das Denken über Architektur und Wohnen weltweit. Der bis heute sichtbare Teil der Ausstellung – die städtische Siedlung auf dem Weißenhof – trägt seit dem 31. März 2020 zusammen mit den Werkbundsiedlungen in Brünn, Breslau, Prag und Wien das Europäische Kulturerbe-Siegel. Vor diesem Hintergrund und mit Blick auf die **Internationale Bauausstellung 2027 StadtRegion Stuttgart,** die zum 100-jährigen Jubiläum der Werkbundsiedlung auf dem Weißenhof und zum 120-jährigen Jubiläum der Gründung des Deutschen Werkbunds in München ihr Berichtsjahr haben wird, erscheint diese kleine Schrift zum Weißenhof – nicht um der Vielzahl an Publikationen zur Werkbundsiedlung auf dem Weißenhof eine weitere hinzuzufügen, sondern um eine Bestandsaufnahme aus heutiger Sicht und einen Blick auf die weltberühmte Siedlung aus Stuttgarter Perspektive zu wagen.

1 Geheimrat Dr. Dr.-Ing. h. c. Peter Bruckmann: Vorwort, in: Württembergische Arbeitsgemeinschaft des Deutschen Werkbunds (Hrsg.): **10 Jahre Werkbundarbeit in Württemberg,** Tagblatt-Buchdruckerei Stuttgart, 1930, S. 4.

2 Gustaf Stotz: 10 Jahre Werkbundarbeit in Württemberg – Eine Zusammenstellung, in: Württembergische Arbeitsgemeinschaft des Deutschen Werkbunds (Hrsg.): **10 Jahre Werkbundarbeit in Württemberg,** Tagblatt-Buchdruckerei Stuttgart, 1930, S. 6.

3 Walter Riezler: Die Bedeutung der Werkbundarbeit in Württemberg, in: Württembergische Arbeitsgemeinschaft des Deutschen Werkbunds (Hrsg.): **10 Jahre Werkbundarbeit in Württemberg,** Tagblatt-Buchdruckerei Stuttgart, 1930, S. 10 f.

Für diese Auseinandersetzung mit der Frage nach der Bedeutung der Werkbundsiedlung auf dem Weißenhof für das Heute und als Ausgangspunkt für die **IBA‘27** will der Deutsche Werkbund Baden-Württemberg und vor allem dessen Stadtgruppe Stuttgart ein Forum der diskursiven Auseinandersetzung mit zeitaktuellen Entwicklungen eröffnen und damit den von Jürgen Joedicke in seiner Würdigung der Siedlung 1989 geforderten behutsamen Umgang mit der Vergangenheit, der weiteren, insbesondere aber auch der eigenen, auf den Prüfstand zu stellen, »denn die Flucht in die Geschichte ist zugleich immer auch eine Flucht aus der Geschichte«.[4] Oder um es in eigenen Worten auszudrücken: Zurück zum Original führt zu weit weg vom Heute …

Dem so verstellten Blick zurück stellen wir bewusst aktuelle Fotos von **Wolfram Janzer** mit ihrer sehr eigenen Bildsprache gegenüber. **Michael Kimmerle** hat die vielfältigen Inhalte des Heftes in eine adäquate Form gebracht.

Der Frage, inwiefern die 1927 formulierten Planungsziele auch im Jahr 2020 – knapp 100 Jahre nach Eröffnung der Ausstellung – noch Gültigkeit haben und die damals gebauten Manifeste die Bedürfnisse der heutigen BewohnerInnen befriedigen können, gehen **Thomas Ferwagner** und **Michael Kimmerle** in Gesprächen mit heutigen BewohnerInnen nach – wobei es ihnen gelungen ist, in allen heute noch erhaltenen Häusern mindestens mit einer Mietpartei

4 Jürgen Joedicke, Weißenhofsiedlung Stuttgart, Karl Krämer Verlag, Stuttgart 1989, S. 28.

»Gesteigerter Sinn für Luft, Farbe und Mechanik, Drang zu sportlicher Betätigung, soziale Umschichtung, wirtschaftliche Nöte müssen auf die Dauer unleugbar zu starken Umbildungen des Wohnwesens führen.« **Werner Gräff**

Werner Gräff: Zur Stuttgarter Weißenhofsiedlung, in: **Bau und Wohnung,** Reprint Karl Krämer Verlag, Stuttgart 1992, S. 8.

Die Wahrnehmung der Werkbundsiedlung auf dem Weißenhof wird bis heute geprägt durch die bildstarken Fotografien, die 1927 auf Veranlassung des Pressereferenten der Ausstellung Werner Gräff um die Welt gingen und einen prägenden Einfluss weit über die Architekturszene hinaus für die Rezeption des Modernen Bauens hatten. Diese zeitgenössischen Abbildungen vermitteln ein Bild, das heute so nicht mehr wahrgenommen werden kann – ein Anlass für **Inken Gaukel** und **Susann Seyfert** die Bedeutung des bis heute sichtbaren Teils der Siedlung und dessen Grad an Originalität zu hinterfragen. Was von dem, das wir da sehen, ist eigentlich **original** – und: Spielt das überhaupt eine Rolle in der Wahrnehmung der Siedlung heute – für ihre Relevanz im aktuellen Diskurs über die Architektur der Moderne?

zu sprechen. Der Umgang der BewohnerInnen mit den **Originalen** soll die Bedeutung dieser Bauausstellung als Ausgangspunkt für eine qualifizierte Diskussion zur Weiterentwicklung der Siedlung und zu Lösungsansätzen der aktuellen Wohnungsfrage heute aufzeigen. Und vielleicht kommt es nicht von ungefähr, dass sowohl in den Beiträgen der Architekten von 1927 als auch in der aktuellen Auseinandersetzung mit der urbanen Nachbarschaft das Thema Gesundheit eine zentrale Rolle spielt.

Die Gegenüberstellung von Aussagen der Architekten der Werkbundsiedlung am Weißenhof zum Thema Gesundheit und deren Widerspiegelung in der Architektur wird von **Raquel Jaureguízar** und **Jörg J. Berchtold** aufgezeigt. Der Bogen spannt sich weit: von Tuberkulose und Spanischer Grippe über Volksgesundheit und Körperkultur … bis hin zu Covid-19 und der Bedeutung von Orten der Begegnung, der Freizeit und des Rückzugs im Öffentlichen, im Freien, heute.

Ergänzt wird der Blick auf das Lebensgefühl der wilden 1920er-Jahre mit einem kleinen Bericht über die Beziehung zwischen Josephine Baker und Le Corbusier von **Michael Kimmerle.**

Da es zur Ausstellung selbst kein umfassendes Konzept zur Gestaltung der Freiflächen gab, hat Hans Luz aus Anlass der ersten Sanierung der Häuser 1982 einen Rahmenplan zur Wiederherstellung der Gärten erarbeitet, der damals aber nicht umgesetzt wurde. Anlass für seinen Sohn **Christof Luz,** der Frage nachzugehen, welche Ansätze der Pflege und Weiterentwicklung des Vorgefundenen den Gestaltungsgrundsätzen in der Zeit der Entstehung der Siedlung und den heutigen Nutzungsansprüchen der BewohnerInnen und der Erwartungshaltung der BesucherInnen gerecht werden könnten. Dabei mag es sehr hilfreich sein, die Spuren, die beim Landesamt für Denkmalpflege zu den Gärten von 1927 verfolgt werden, zu kennen, die von **Henrike von Werder-Zyprian** aufgezeigt werden.

Arno Votteler, der seit den 50er-Jahren des 20. Jahrhunderts bis kurz vor seinem Tode, den wir im Jahr der Entstehung dieser Schrift zu betrauern haben, eng mit dem Deutschen Werkbund und der Stuttgarter Stadtgruppe verbunden war, ist eines der Gründungsmitglieder und langjähriger Vorsitzender des 1979 im Nachklang zum 50-jährigen Jubiläum der Siedlung gegründeten Vereins der Freunde der Weißenhofsiedlung e. V., der die Bedeutung der Werkbundsiedlung auf dem Weißenhof erkannt und deren Sicherung und Sanierung in den 1980er Jahren mit initiiert hat. Im Gespräch mit **Jörg J. Berchtold** ordnet er die Bezüge, öffnet neue Blickbeziehungen und benennt Überraschendes.

Diese Publikation versteht sich somit als ein Beitrag des Deutschen Werkbunds Baden-Württemberg zum öffentlichen Diskurs – zu Fragen der Architektur, des Wohnens und Möbeldesigns in der Stadtregion Stuttgart im Allgemeinen und zum weiteren Umgang mit der Werkbundsiedlung auf dem Weißenhof im Besonderen. Dabei beziehen wir uns explizit auf die satzungsgemäße Aufgabe des Deutschen Werkbunds e. V., »die Förderung der Kunst und Kultur ganz allgemein und nicht nur der Architektur im Blick zu haben, insbesondere aber die Förderung guter Qualität und Innovation bei der Gestaltung der Umwelt des Menschen im Zusammenwirken von Kunst, Technik, Wissenschaft, Medien, Industrie, Handwerk und Handel […]«.[5]

Wir wollen in den anstehenden gesellschaftlichen Entwicklungsprozessen kritische Begleiter und Impulsgeber sein, wir denken und arbeiten interdisziplinär und stellen der gesellschaftlichen Verantwortung für die Zukunft die Verantwortung des Einzelnen in seiner Lebensumwelt zur Seite. Dabei ist es in der über 100-jährigen Tradition des Werkbunds unerlässlich, die Einheit von Sinn und Qualität in jedem Produkt, aber auch in jedem gesellschaftlichen Prozess zu sehen.

Wir hatten während der Vorbereitung dieses Heftes viel Anregung und Unterstützung in der Stadtgruppe, aber auch weit darüber hinaus erfahren dürfen, SponsorInnen haben das Projekt mit ihrer finanziellen Unterstützung erst möglich gemacht – dafür möchten wir uns an dieser Stelle bei allen herzlich bedanken!

Stuttgart im Herbst 2020
Siegfried Gaß

5 Deutscher Werkbund Baden-Württemberg e. V. (Hrsg.): Satzung vom 17. September 2010, § 2.

Entwurf einer Briefmarke zur Ausstellung gestaltet von Willi Baumeister

Inhalt Seite

Geleitwort

Der Werkbund lebt vor allem von den Aktivitäten seiner Mitglieder. Umso mehr, wenn es sich dabei um Zusammenschlüsse von Mitgliedern vor Ort, als Stadt- oder auch Regionalgruppen handelt. Die seit einigen Jahren sehr aktive Stuttgarter Stadtgruppe kann in dem Zusammenhang als Glücksfall bezeichnet werden. Mit ihrem Kreis von engagierten MitstreiterInnen aus unterschiedlichen Professionen bringt sie ein Netzwerk mit vielfältigen Kenntnissen, Fähigkeiten und Erfahrungswelten zur Wirkung. Unterschiedliche, teils temporäre, teils längerfristig angelegte Themen werden in einzelnen Arbeitsgruppen mit hohem zeitlichem Einsatz verfolgt. Mit der Werkbundsiedlung auf dem Weißenhof, dem international bedeutenden Kulturdenkmal sozusagen vor der Haustüre, im letzten Jahr mit vier weiteren Werkbundsiedlungen ausgezeichnet mit dem **Europäischen Kulturerbe-Siegel** sowie einer für 2027 geplanten **Internationalen Bauausstellung** bestand ausreichend Anlass, über eine gegenwartsbezogene Auseinandersetzung mit dem Thema nachzudenken.

Dabei sollte nicht eine weitere Publikation über die historischen Gegebenheiten und Hintergründe der Weißenhofsiedlung der Leitgedanke sein, die Akteure der Stadtgruppe haben sich mit dieser Veröffentlichung ein ganz besonderes Ziel gesetzt: den Blick auf die Siedlung, die zeitgenössischen Kommentare der damals angetretenen Riege internationaler Protagonisten des Neuen Bauens in einen Bezug zu setzen zu dem, was der Siedlung in baulicher Hinsicht seitdem widerfahren ist.

Es ist ein Verdienst der Projektgruppe, den Blick über die Originale der Bauausstellung hinaus auf die vorgenommenen Veränderungen und Anpassungen, die Erfahrungen und Empfindungen heutiger, überwiegend glücklicher, wertschätzender und überzeugter BewohnerInnen des Kulturdenkmals gerichtet, Gespräche geführt, notiert und ausgewertet zu haben. Und auch auf die inzwischen von fachlicher Seite unumstrittene Bewertung zu verweisen, eingetretene Veränderungen, nicht originalgetreue Wiederaufbauten kriegszerstörter Ausstellungsbauten als denkmalschutzwürdig anzuerkennen. Nicht unwesentlich auch die herauszuhörende Einsicht, dass allein aus der Versammlung ästhetischer Einzelbauten namhafter Architekturikonen im Gleichklang einer avantgardistischen Formensprache, aber der gegebenen Zufälligkeit einer eher privilegierten, dem Staatsbeamtentum zuzuordnenden Bewohnerschaft kein Quartier entstanden ist, in dem Nachbarschaft kultiviert, Freiräume gemeinsam genutzt, Gemeinschaften gepflegt werden.

So ist es wie in einer hochkarätigen Ausstellung mit seltenen musealen Objekten: Die interessierten Besuchermengen füllen die Zwischenräume, durchströmen die Siedlung wie eine Museumsabteilung. BewohnerInnen mutieren – freiwillig oder zwangsläufig – zu auskunftsbereiten MuseumswärterInnen, werden eins mit den Ausstellungsobjekten. Arrangieren sich mit der zunehmenden öffentlichen Aufmerksamkeit. Und wie bei sonstigen Kulturbetrieben brachte Corona auch hier eine Zwangspause. Deutlich herauszuhören das Durchatmen und die Freude über tiefe Fensterbrüstungen, Freisitze und gesicherte Zugänge nach draußen.

Der Deutsche Werkbund Baden-Württemberg e. V. dankt der Stadtgruppe Stuttgart für das aufgebrachte hohe Engagement, freut sich über das gelungene Ergebnis und wünscht der »Publikation zum Anfassen« in Zeiten digitaler Ersatzwelten eine gute Resonanz beim interessierten Publikum.

Alexander Grünenwald
Vorstand des Deutschen Werkbunds
Baden-Württemberg

Die Weißenhofsiedlung – ein vielschichtiges Kulturdenkmal

von Inken Gaukel und Susann Seyfert

Auch die Ansicht der Weißenhofsiedlung entlang der Rathenaustraße, die beispielsweise den Umschlag des Buches **Der Sieg des Neuen Baustils** von Walter Curt Behrendt zierte, ging um die Welt.

Wenn man an die Weißenhofsiedlung denkt, dann fallen den meisten die bis heute nachwirkenden, durchaus bildstarken Fotografien von 1927 ein. Das hängt unter anderem mit der ausgezeichneten Presse- und Öffentlichkeitsarbeit zusammen. Werner Gräff versorgte im Auftrag der Ausstellungsleitung die deutschsprachigen Architekturzeitschriften mit den hervorragenden Aufnahmen von Dr. Otto Lossen, die bereitwillig verwendet wurden. Damit druckten sämtliche Zeitschriften unabhängig von ihrer Beurteilung der Werkbundausstellung gute Bilder ab. Diese Medieninszenierung und die starken Reaktionen der Befürworter und Gegner scheinen bis heute nachzuwirken, auch wenn sich das Thema der Polarisierung verschoben hat. Heute stehen sich das ideale Bild eines verlorenen Zustandes und die durch vielerlei historische Ereignisse und Veränderungen zu einem vielschichtigen Dokument gewordene Siedlung gegenüber.

Dabei bezweifelt niemand die bauhistorische und künstlerische Bedeutung der Weißenhofsiedlung. Dennoch hält es die Denkmalpflege für zu kurz gegriffen und ungerechtfertigt, die Siedlung auf einen Ausstellungszustand, der nicht einmal vier Monate andauerte, zu reduzieren. Bereits hier beginnen die Unübersichtlichkeiten, die typisch für die Weißenhofsiedlung sind. Zu dem um zwei Wochen verschobenen Ausstellungsbeginn am 23. Juli 1927 waren bei Weitem nicht alle Gebäude fertiggestellt, laut Ausstellungsleitung war erst zu Anfang September der gewünschte Stand erreicht. Auch die Frage, was eigentlich zur Weißenhofsiedlung zählt, lässt sich nicht einfach beantworten. Der Setzung, dass alle im **Amtlichen Katalog** besprochenen Gebäude den Umfang definieren, lassen sich durchaus andere Überlegungen entgegenstellen. Das Kernstück waren die überwiegend von der Stadt Stuttgart finanzierten Mietwohnungen, worauf sich auch die städtebaulichen Entwurfsmodelle von Ludwig Mies van der Rohe bezogen. Mit der Begründung, dass die Architekten nur dann die maximale Gestaltungsfreiheit hätten, wenn keine Bauherren bei den Entwürfen mitreden, wurden Kaufwünsche abgewehrt. Außerdem sollte über den vorgegebenen finanziellen Rahmen eine Vergleichbarkeit der Ergebnisse erreicht werden. Dass die Baukosten am Ende stark differierten, hatte unterschiedliche Gründe, die den Entwürfen und der Umsetzbarkeit geschuldet waren und hier nicht weiter ausgeführt werden.

Diesem Ansatz stehen die beiden Privathäuser von Adolf Gustav Schneck, der sein Eigenheim baute, und Victor Bourgeois, der für Dr. Walter Boll dessen Wohnhaus errichtete, entgegen – auch sie sind im **Amtlichen Katalog** aufgeführt. Boll war stellvertretender Direktor des Schlossmuseums, Werkbundmitglied und hatte die Pressearbeit für die Werkbundausstellung **Die Form** 1924 verantwortet.

Manche Bilder sind bis heute von solcher Prägnanz, dass sogar weniger Architekturbegeisterte sie kennen. Dazu gehört definitiv dieses Werbebild für den Mercedes-Benz Roadster von 1928.

Zusätzlich gab es etliche Postkarten, deren Motive vom Deutschen Werkbund gezielt ausgewählt wurden. Sogar die Kaufhauskette Schocken vertrieb Postkarten zur Weißenhofsiedlung.

Die Ersatzbauten lassen sich in drei Phasen einteilen, die jeweils für eine andere Haltung zur Weißenhofsiedlung stehen. Zwischen 1949 und 1954 wurden in der Rathenaustraße 5, 7 und 9 auf Ruinengrundstücken drei traufständige Satteldachhäuser errichtet. Gegenüber den zerstörten Originalbauten haben sie jeweils ein Geschoss und das Dach mehr. Ob der Verzicht auf gestalterischen Anspruch nur der Materialknappheit und dem Wohnraumbedarf der direkten Nachkriegszeit geschuldet ist oder auch eine Positionierung gegen das Neue Bauen darstellt, kann aktuell noch nicht beantwortet werden.

Nur wenig später, zwischen 1955 und 1956, folgte eine zweite Gruppe von Gebäuden. Hier ist eine deutlich veränderte Haltung zu bemerken. Das Bauvolumen ist zwar ebenfalls erhöht – bis zu vier Geschosswohnungen anstelle eines Einfamilienhauses –, doch nehmen die Entwürfe Bezug auf die Vorgängerbauten. Nicht nur mit flach geneigten Walm- oder echten Flachdächern wird die Nähe zu den Bauten von 1927 gesucht.

Das Haus Bruckmannweg 4 ersetzt die beiden Einfamilienhäuser von Walter Gropius und besteht aus zwei straßenseitig versetzten Kuben. Ohne Bezug zum Originalbau von Max Taut zeigt sich das Gebäude in der Rathenaustraße 11. Dafür spielen die dünnen Stahlstützen unter dem vorragenden Erdgeschoss auf die Piloti der Entwürfe von Le Corbusier und Pierre Jeanneret an.

Nachdem die Weißenhofsiedlung im August 1958 unter Denkmalschutz gestellt worden war, mussten die letzten Ersatzbauten im Bruckmannweg 8 und 12 mit der Denkmalpflege abgestimmt werden. Diese Bauten sind in Konstruktion und Detaillierung typische Vertreter der späten 1950er-Jahre, die aber formal Bezug auf die Moderne der 1920er-Jahre nehmen. So sind die Fassaden straßenseitig weitgehend geschlossen und nur mit niedrigen Fensterbändern versehen, während nach Süden und zur Aussicht großformatige Fenster dominieren. Als weiße Putzbauten fügen sie sich, dem damaligen Kenntnisstand folgend, in die Siedlung ein.

Schneck als Professor an der damaligen Kunstgewerbeschule und Boll waren als Angestellte des Württembergischen Staates berechtigt, auf dem angrenzenden Landesgelände in Erbpacht Häuser zu bauen. Die Häusergruppe auf dem Gelände zwischen der städtischen Siedlung und der heutigen Akademie der Bildenden Künste wird deshalb als Beamtensiedlung bezeichnet. Nicht im **Amtlichen Katalog** vertreten sind zwei Häuser, die ebenfalls 1927 gebaut wurden und in mancher Berichterstattung durchaus zur Werkbundausstellung gezählt wurden: das Gebäude von Ernst Wagner, zwischen den Eigenheimen Schneck und Boll gelegen, sowie im Anschluss an die Reihenhäuser von J. J. P. Oud das Haus des Schwäbischen Siedlungsvereins, das in der Ausstellungszeit ebenfalls zu besichtigen war. Warum der Deutsche Werkbund diese Häuser nicht als zugehörig akzeptierte, ist

bislang ungeklärt. Das Beamtengelände wurde bis 1933 weiter bebaut und die letzte Baulücke 1958 geschlossen.

Auch bei der Unterschutzstellung lässt sich die Trennung zwischen den ehemals städtischen Gebäuden und den Privathäusern entdecken. 1958 wurden nach der erfolgreichen Verhinderung des Abrisses des Einfamilienhauses von Le Corbusier und Pierre Jeanneret die noch vorhandenen, ehemals städtischen Gebäude von 1927 unter Denkmalschutz gestellt.

Die ersten Überlegungen von Ludwig Mies van der Rohe für die Bebauung des Geländes auf dem Weißenhof führten im Herbst 1925 zu einem Massenmodell. Die Präsentation des Modells im Gemeinderat setzte eine heftige Kontroverse darüber in Gang, welche Bebauung in Stuttgart angemessen sei. Erst im Dezember 1926 stand fest, wer auf dem Weißenhof bauen wird.

Nur wenige Bilder zeigen das Gelände auf dem Weißenhof während der Ausstellungszeit. In der oberen Luftaufnahme lässt sich links das sogenannte Experimentiergelände erkennen und rechts der Friedrich-Ebert-Wohnbau als Baustelle. Nur dessen talseitiger Flügel war fertiggestellt und diente als Ausstellungscafé.

Die Aufnahme vom Herbst 1937 zeigt die anschließende Beamtensiedlung mit ihren Gebäuden von 1927 bis 1933.

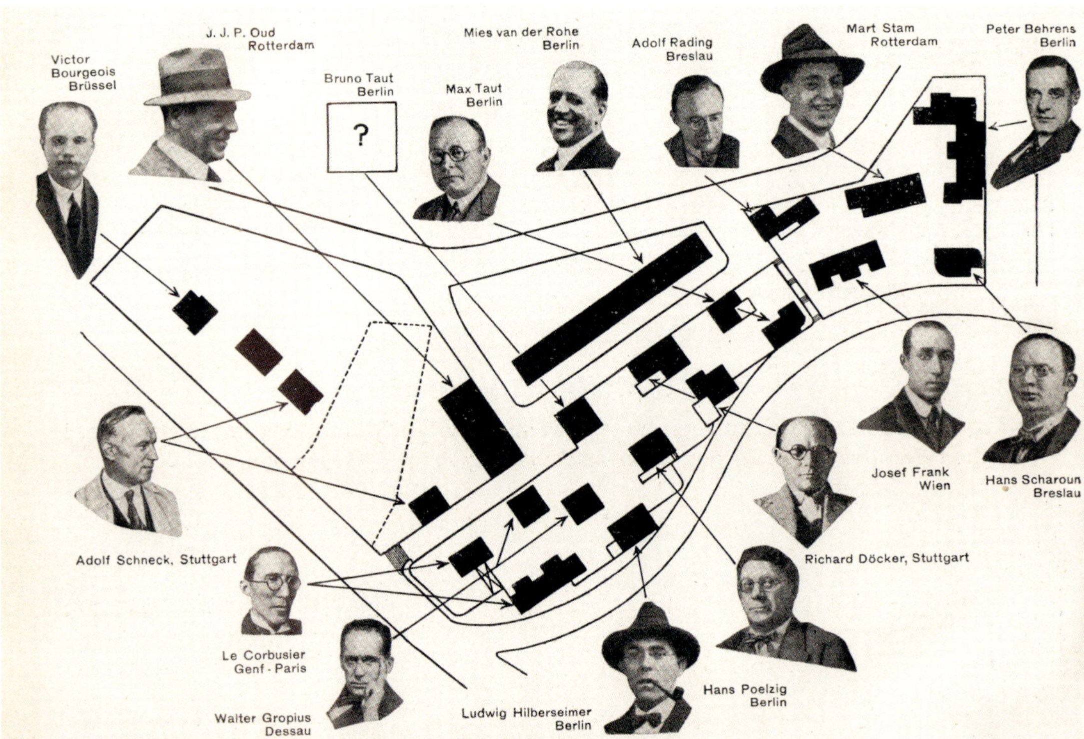

Lageplan der Werkbundausstellung mit den Bildern der einzelnen Architekten

1927
Rundgang

1974

Man kann leicht auf die Idee kommen, dass die Reihenhäuser von J. J. P. Oud original überliefert sind, wenn man Aufnahmen des Jahres 1927 und den heutigen Zustand vergleicht. Tatsächlich ist dieser das Ergebnis der großen Sanierung aus den Jahren 1981 bis 1987, ausgeführt in mehreren Bauabschnitten. Sowohl der vielfach beklagte vernachlässigte Zustand vor der Instandsetzung als auch die Aufnahmen von der Bautätigkeit machen aber klar, wie viel in der Zwischenzeit geschehen ist.

Erst 1968 machte Christian Plath, der zusammen mit Jürgen Joedicke einen Führer zur Weißenhofsiedlung verfasste, die Denkmalpflege auf die Häuser von Schneck und Bourgeois aufmerksam, sodass diese nachträglich als Kulturdenkmale aufgenommen wurden. 1983 folgten zwei weitere Häuser von Schneck auf dem Beamtengelände und seit 2015 steht die gesamte Beamtensiedlung unter Denkmalschutz.

Ein ganz anderes Thema sind die Ersatzbauten, die anstelle der zehn durch die Luftangriffe 1944 und den Abriss in der Nachkriegszeit zerstörten Häuser stehen. Hier scheiden sich die Geister und es scheint sich eine ähnlich kompromisslose Haltung gegenüber dieser Architektur zu formulieren, wie sie 1927 den Häusern der Werkbundausstellung entgegenschlug. Dass sich gerade hier die wechselvolle Rezeptionsgeschichte der Weißenhofsiedlung ablesen lässt, findet gegenüber dem Wunsch nach einer intakten Ikone des Neuen Bauens oft zu wenig Beachtung. Auch diese Gebäude stehen seit 2015 unter Denkmalschutz.

Neben den Nachkriegsbauten stehen die sogenannten Originalbauten, die ihrerseits umfangreiche Veränderungen erfahren haben, die kaum mehr zu benennen sind. Bereits nach der Ausstellung wurden baurechtliche Forderungen umgesetzt, damit die Häuser korrekt zu vermieten waren. Wie umfangreich die Schäden durch den Einsatz teilweise unerprobter Baumaterialien und Konstruktionsweisen und die extrem kurze Bauzeit von gut vier Monaten tatsächlich waren, ist nicht dokumentiert, ebenso wenig die daraus resultierenden Unterhaltsmaßnahmen. Die Vernachlässigung der Häuser nach dem Verkauf an den Reichsfiskus 1939 und die darauf folgenden Umnutzungen sind ebenfalls nur in Teilen belegt. Ein prominentes Beispiel ist der Umbau des Mehrfamilienhauses von Mies van der Rohe zu einem Kinderkrankenhaus, der alle Wohnungen betraf. Für die Schaffung von Wohnraum nach Kriegsende wurden mehrere Häuser von Ein- zu Zweifamilienhäusern umgebaut, ohne dass es dafür überlieferte Planungen oder Genehmigungen gibt. Einen weiteren massiven Eingriff in die Originalsubstanz bewirkte die große Sanierung von 1981 bis 1987, die sich dem Bild des Originals stärker verpflichtet sah als der Substanz.

Damit steht wieder die Frage nach der Wirkmächtigkeit der Fotografien von 1927 im Raum. Diese Aufnahmen prägen bis heute das Bild der Weißenhofsiedlung, verbunden mit starken Emotionen und großer Wertschätzung. Es ist jedoch ein Bild, das nur wenige Monate Gültigkeit hatte. Demgegenüber steht eine nicht minder spannende und vielschichtige Wirklichkeit: zwei Siedlungen mit einer über 90-jährigen Geschichte und

Auch an den Häusern von Hans Scharoun und Peter Behrens lassen sich mehrere Zustände nachweisen. Während beim Mehrfamilienhaus von Behrens ein Satteldach der 1950er-Jahre rückgebaut wurde, blieb es beim Einfamilienhaus von Scharoun vor allem im Inneren bei massiven Eingriffen.

Im Rahmen des Bauunterhalts sind 30 Jahre nach der großen Instandsetzung immer wieder Baumaßnahmen erforderlich, wobei heute großer Wert auf die Erhaltung der Originalsubstanz gelegt wird.

die Frage: Wer hat auf Dauer mehr zu erzählen? Im Sinne des Denkmalschutzgesetzes des Landes Baden-Württemberg besteht die Aufgabe, die Siedlungen in ihrem aussagekräftigen Bestand und charakteristischen Erscheinungsbild für die Nachwelt zu sichern, damit sie sowohl aktuell als auch in Zukunft immer wieder neuen Fragestellungen bezüglich ihrer Erbauung und Geschichte zur Verfügung stehen können. Dokumentarischen Wert besitzen dabei nicht ausschließlich die noch vorhandenen bauzeitlichen Reste. Der Umgang mit der Weißenhofsiedlung, ihre Rezeption, ihre gewollte Vernichtung, ihre Banalisierung genauso wie der Kampf um ihre Wiedergewinnung sind wesentlicher Teil der Geschichte, die es immer wieder lohnt, sich vor Augen zu führen.

Die Ziele der Werkbundsiedlung damals

Bewohner

und ihre »Brauchbarkeit« heute

Interviews

Interviews von Thomas Ferwagner Text
und Michael Kimmerle Interview-Aufnahmen

Ludwig Mies van der Rohe

In der Erklärung des DWB-Vorsitzenden Dr. Peter Bruckmann vom Dezember 1926 – gut ein halbes Jahr vor der Eröffnung der Werkbundausstellung auf dem Weißenhof – wurden die wesentlichen Anforderungen an die beteiligten Architekten und ihre Gebäude klar umrissen. Neben den Aspekten des **Neuen Bauens**, der Verwendung von neuen Materialien und Konstruktionen wurden von ihm auch die Erwartungen an die Grundrissgestaltung und die Wohnbedürfnisse ausführlich dargelegt:

»Eine Wohnung soll unter geringstem Platzaufwand ein bequemes, praktisches, allen Bedürfnissen entsprechendes Wohnen ermöglichen. […] Beim Wohnungsbau ist das Problem der Grundrissgestaltung von wesentlicher, ja grundlegender Bedeutung. Voraussetzung der Grundrissgestaltung ist, die eingehendste Berücksichtigung der Wohnansprüche heutiger Menschen. Von ihrer Erfüllung sind die Benutzbarkeit und Brauchbarkeit einer Wohnung abhängig.« **Dr. Peter Bruckmann**

In seiner Ansprache zum 60. Jahrestag der Weißenhofsiedlung 1987 erklärte Prof. Jürgen Joedicke: »Der Werkbund versprach sich starke richtungsweisende Lösungen und hoffte, damit einen Anziehungspunkt […] weit über die Grenzen Württembergs in Stuttgart zu bilden. […] Zum ersten Mal in der Geschichte der Baukunst war nicht das Bauen für die Elite, waren nicht Schloss, Palast, Kirche die zentralen Aufgaben, an denen sich das Wollen einer Epoche ablesen lässt, sondern das Bauen für die Massen.«

In der Stadtgruppe des DWB Baden-Württemberg sind wir heute nun der Frage nachgegangen, inwieweit diese Anforderungen von 1926 auch im Jahre 2020 – knapp 100 Jahre danach – noch Gültigkeit haben. Können mit den damals sehr innovativen Anforderungen auch die heutigen »Wohnansprüche« noch erfüllt werden?

Gibt es die damals geforderte »Brauchbarkeit« der Wohnungen und Häuser auch heute noch – oder wären aufwendige Nacharbeiten und zusätzliche Installationen erforderlich, um diese Ziele aufrechtzuerhalten?

Es hat uns interessiert, ob die ursprünglichen Planungsabsichten und Überlegungen der Architekten von damals im Heute noch Bestand haben – oder sind sie nach 100 Jahren überaltert und unzeitgemäß. Können sich die damaligen Planungen im heutigen, in vielerlei Hinsicht veränderten Alltag überhaupt bewähren?

Grundsätzlich müssen wir auf Einschränkungen bei der direkten Vergleichbarkeit 1927/heute hinweisen. Die heutigen BewohnerInnen leben nicht in vollständigen Originalen! Im Zuge des Wiederaufbaus in den 1950ern und vor allem der umfangreichen Sanierungen in den 1980ern sind Anpassungen unter anderem bei Sanitär, Elektrifizierung und Bauphysik erfolgt. Somit wurde der Wohnkomfort gegenüber der Originalausführung

»Es ist aber wichtig zu konstatieren, daß der Wohnungstypus des **Neuen Wohnens**, genau wie das Fahrrad, viele Verbesserungen durchzumachen hat und eine vieljährige Entwicklung braucht, bevor er zum äußerst brauchbaren Typus wird.« **Mart Stam**

verbessert. Zudem leben heute in der Siedlung weniger Menschen als ursprünglich projektiert – was bedeutet: mehr Wohnfläche für die Einzelnen.

Die Häuser und Wohnungen der Weißenhofsiedlung sind bis zum Eigentümerwechsel 2019 und darüber hinaus von den Mietern der Bundesanstalt für Immobilienaufgaben (BImA) bewohnt, an die wir uns direkt mit unseren Fragestellungen gewandt haben.

Die beiden Privathäuser in der Beamtensiedlung, geplant von Schneck und Bourgeois, wurden von uns hier nicht berücksichtigt, da sie 1925/26 nicht Teil der ursprünglichen Ausstellungsplanung der Württembergischen Arbeitsgemeinschaft des Deutschen Werkbunds waren.

Umsetzung

Wir haben BewohnerInnen sowohl der bestehenden Einfamilienhäuser als auch je einer Wohneinheit in den erhaltenen Mehrfamilienhäusern kontaktiert und um einen Interviewtermin gebeten. Im Zeitraum vom 24. Juni bis 10. August 2020 wurde in den historischen Gebäuden der Weißenhofsiedlung diese BewohnerInnenbefragung von der Stadtgruppe Stuttgart des Deutschen Werkbunds Baden-Württemberg durchgeführt.

Dabei wurde mit den BewohnerInnen ein vorbereiteter Fragenkatalog durchgegangen. Von allen sind wir herzlich und offen empfangen worden – lediglich die BewohnerInnen des Weltkulturerbe-Gebäudes lehnten unsere Befragung ab.

Die zunächst als halbstündige Gespräche gedachten Interviews dauerten mitunter zweieinhalb bis drei Stunden und waren allesamt kurzweilig, informativ und angenehm. Die Geduld, Kompetenz und Offenheit der Befragten haben uns nachhaltig beeindruckt.

Mart Stam

Themenschwerpunkte der Befragung

Die Themen und Fragen waren vorab in der Stadtgruppe Stuttgart gemeinsam diskutiert und festgelegt worden. Im Einzelnen ging es um diese Themen: • Statistische Fragen (Wohndauer, Wohnfläche, Alter) • Siedlung und Zusammenleben heute • Fragen zum Wohnen im Denkmal • Vergleich zwischen den Konzepten der Architekten damals und der Wirklichkeit heute • Gesundheitsaspekte damals und heute: Wohnen in Zeiten des Lockdowns.

Ergebnisse

Wir konnten eine außergewöhnlich hohe Identifikation der befragten BewohnerInnen mit der Weißenhofsiedlung feststellen. Das lässt sich an mehreren Punkten sehr deutlich ablesen:

1. Permanente und intensive Auseinandersetzung mit dem Architekten, der die Wohnung/das Haus damals geplant hatte.
2. Die Tatsache, in der Weißenhofsiedlung zu wohnen, wird fast ausnahmslos als großer bis sehr großer Glücksfall betrachtet.
3. Fast alle befragten BewohnerInnen kommunizieren über viele Jahre mit den ArchitekturtouristInnenen und BesucherInnen der Siedlung und repräsentieren die Weißenhofsiedlung bis heute gerne Fremden gegenüber.

Von einem Bewohner, der in der Weißenhofsiedlung groß geworden ist, wurde berichtet, dass bei ihm der Umstand, in einem architektonischen Denkmal aufgewachsen zu sein, zum Studium der Architektur führte und er heute diesen Beruf auch ausübt. Einige der befragten BewohnerInnen sind bereits vor dem Einzug als ArchitektIn tätig gewesen und haben dadurch zusätzlich einen fachlich ausgeprägteren Blick auf ihr Zuhause.

Statistik

Die Befragung der BewohnerInnen haben wir mit ein paar grundlegenden Zahlen begonnen:

- Wohndauer der Befragten in der Einheit im Durchschnitt: ca. 25 Jahre
- Wohnfläche der Befragten im Durchschnitt: 47 m²/Person
- BewohnerInnenzahl/Einheit der Befragten im Durchschnitt: 1,8 Personen
- Durchschnittsalter der Befragten in der Weißenhofsiedlung: 67,3 Jahre

Gründe für das Wohnen in der Siedlung

Mit der Bundesrepublik Deutschland als Dienstherr kann von ihren Angestellten die Möglichkeit genutzt werden, sich um eine freie Wohnung/Haus in der Weißenhofsiedlung über den öffentlichen Arbeitgeber oder direkt bei der BImA (Bundesanstalt für Immobilienaufgaben) zu bewerben.

Reaktionen, als die Zusage von der BImA kam: • »6 richtige im Lotto« • »Gekämpft um die Zusage gegen 140 Mitbewerber, dann superglücklich« • »Lebenstraum erfüllt« • »Große Aufregung bis zur Zusage, danach sehr glücklich« • »Großartig«

Siedlung und Zusammenleben

Werden die öffentlichen und halb öffentlichen Freiräume in der Siedlung genutzt?

Zusammenfassend kann gesagt werden, dass es kaum eine Nutzung der Freiräume von den Bewohnern der Weißenhofsiedlung gibt. Vereinzelt wurde mal ein Vater zum Fußballspielen mit seinem Sohn auf einer Wiese innerhalb der Siedlung beobachtet. Ansonsten wird der angrenzende Spielplatz von den Kindern der Siedlung genutzt.

Wenn man sich draußen aufhalten will und keinen eigenen Garten hat, geht man meist in den benachbarten Killesbergpark.

Die Freiräume und die wenigen Sitzbänke laden die BewohnerInnen insgesamt kaum zum Verweilen ein und werden meist nur von den Architekturtouristen oder bei Führungen genutzt.

Zudem ist bemängelt worden, dass es weder Gastronomie noch Einkaufsmöglichkeiten innerhalb der Siedlung gibt, wo man auf Nachbarn treffen könnte.

J. J. P. Oud

Le Corbusier und Pierre Jeanneret

Josef Frank

Gibt/gab es eine Weißenhof-Gemeinschaft?

Man scheint sich innerhalb der Bewohnerschaft zu kennen, trifft sich gelegentlich zufällig auf der Straße, im Höhenpark oder beim Einkauf in der angrenzenden Killesberghöhe. Darüber hinaus gibt es auch freundschaftliche Kontakte einzelner BewohnerInnen, die sich privat treffen.

Ein AnwohnerInnen-Treffpunkt, wie z. B. das frühere **Milchlädle** oder das **Schönblick-Tanzcafé** würde von vielen BewohnerInnen, auch im Sinne eines Gemeinschaftsgefüges, begrüßt werden.

Das letzte größere Zusammentreffen der BewohnerInnen war die Veranstaltung in der Kunstakademie anlässlich der Übernahme der Siedlungshäuser durch die SWSG im Jahre 2019.

Sehen Sie die Weißenhofsiedlung als »Museum« oder als Siedlung? Heute/künftig?

Die Siedlung wird von den BewohnerInnen heute vorwiegend als Wohnsiedlung »zum Leben« betrachtet und sollte erhalten werden, wie sie ist [»… wenn man schon mal sowas hat!«]. Allerdings gibt es vielfach den Wunsch, dass man mehr für den Erhalt der Bauwerke unternehmen sollte und auch generelle Vorgaben für die Freiraum- und Gartengestaltungen der einzelnen Häuser hilfreich wären, um einen harmonischeren Gesamteindruck zu ermöglichen. Schließlich sind auch die Hausgärten Teil der Siedlung.

Als »Museum« wird die Siedlung von den BewohnerInnen nicht gesehen (im Gegensatz zu den ArchitekturtouristInnen, die zum Teil die Siedlung als reines Museum erwarten), trotzdem wurde bei sehr vielen eine deutliche Offenheit für einen Austausch mit den internationalen ArchitekturtouristInnen festgestellt. Es wurde von schönen Begegnungen der unterschiedlichsten Art mit SiedlungsbesucherInnen berichtet. Aufgrund der Ernennung der beiden Le-Corbusier-Häuser zum Weltkulturerbe im Jahre 2016 und des Bauhaus-Jubiläums 2019 ist die BesucherInnenzahl nochmal deutlich nach oben gegangen (»teilweise konnte man die Straße vor lauter Besuchern nicht mehr sehen«), was sich auch an den BesucherInnenzahlen des »Weißenhofmuseums im Haus Le Corbusier« ablesen lässt. Im Corona-Jahr 2020 ist die BesucherInnenzahl natürlich deutlich geringer ausgefallen.

»Du sollst nicht jährlich einen neuen Stil erfinden und nicht Gelüste tragen nach dem Stil deines Nächsten: der Mensch ist keine Eintagsfliege.« **Josef Frank**

Was hat sich in den letzten Jahren in der Weißenhofsiedlung verändert?

Aufgrund der Beschäftigung der BewohnerInnen im öffentlichen Dienst sind Versetzungen außerhalb Stuttgarts möglich, was einen Umzug verursachen kann. Andere Gründe für einen Auszug aus der Siedlung können Familienzuwachs oder andere private Veränderungen sein. Besonders im Mies-van-der-Rohe-Bau mit seinen kleineren Wohnungen sind diese Fluktuationen zu erkennen. Ansonsten zeigen die BewohnerInnen eine ausgeprägte Standorttreue.

Auf die Frage, ob sich die Weißenhofsiedlung »verjüngt« habe, gab es sehr unterschiedliche Aussagen. So gibt es den Fall einer Familie, die beim Einzug die Jüngsten waren und heute am längsten in der Siedlung wohnen, nämlich 40 Jahre!

Wohnen in Zeiten des Lockdowns 2020?

Die Architekten der Weißenhofsiedlung hatten bei der Planung ihrer Häuser großen Wert auf gesundheitliche Aspekte gelegt. Peter Behrens beispielsweise wollte beim Entwurf seines Terrassenhauses explizit gegen die damals vorherrschenden »Volkskrankheiten« wie Tuberkulose angehen, indem er jeder Wohnung einen Balkon oder eine Terrasse auf dem Dach der darunterliegenden Wohnung zuordnete.

»Das flache Dach ist keine formale Angelegenheit, sondern eine Forderung, die wirtschaftliche Gründe bedingen.«
Adolf Gustav Schneck

Zwar sind diese »Volkskrankheiten« von damals weitgehend beherrscht, aber für die heute lebenden Generationen ist eine neue gesundheitliche Herausforderung aufgetreten, die drastische, bisher nicht gekannte Einschränkungen im Jahre 2020 brachte: Das öffentliche Leben kam durch die Covid-19-Pandemie im Frühjahr und Herbst nahezu zum Erliegen und es wurde den BürgerInnen eine häusliche Isolation empfohlen.

In dieser Zeit spielen Funktionalität und Brauchbarkeit der eigenen Wohnung eine noch größere Rolle. Uns hat interessiert, inwieweit die historischen Wohnungen und Häuser der Weißenhofsiedlung diesen Anforderungen heute gerecht werden konnten.

Bei allen interviewten BewohnerInnen gab es innerhalb der Wohnung/des Hauses Zugang zum Außenbereich: vom kleinen Balkon im Mies-van-der-Rohe-Bau mit Aussicht und bodentiefen Glastüren bis zu den fünf unterschiedlich nutzbaren Außenbereichen im Josef-Frank-Haus.

Alle Außenzugänge wurden in dieser Zeit noch intensiver genutzt und haben die Einschränkung wesentlich ertragbarer gestaltet bzw. teilweise fast vergessen gemacht. Dauerhaftes Arbeiten im Homeoffice wurde durch diese Außenverbindungen ebenso erleichtert. In Mehrpersonenhaushalten konnte man sich durch die Innen-Außen-Nutzung aus dem Weg gehen und einem möglichen Lagerkoller entgegenwirken. Es wurde uns von Erleichterungen durch den möglichen Aufenthalt im Freien berichtet sowie von deren befreiender Wirkung vom Problem »Corona«.

Was die Planer der Häuser der Weißenhofsiedlung damals bereits ausführlich berücksichtigten, wird heute wieder in den Fokus rücken, wie der Architekt Matthias Sauerbruch (Sauerbruch/Hutton, Berlin) im Interview auf Deutschlandradio Kultur Ende Oktober 2020 bestätigte: Die Pandemie wird zu Anpassungen der Grundrisse künftiger Wohnbauplanungen mit mehr Balkonen und Zugängen zum Außenbereich führen.

Daher kann zusammenfassend bestätigt werden, dass die visionären Planungen der Architekten damals (siehe das Beispiel von Peter Behrens) wesentlich dazu beigetragen haben, die heutigen Herausforderungen durch die Covid-19-Pandemie für die BewohnerInnen erträglicher zu machen.

Zu weitergehenden gesundheitlichen Konzepten und Ansätzen der Architekten damals verweisen wir auf den nächsten Beitrag von Raquel Jaurequízar und Jörg J. Berchtold auf Seite 40.

Adolf Gustav Schneck

Peter Behrens

Wohnung/Haus

Uns hat interessiert, inwieweit es eine Auseinandersetzung mit der Architektur durch den Einzug in der Weißenhofsiedlung gab und wir konnten feststellen, dass bei allen befragten BewohnerInnen eine Erweiterung des architektonischen Bewusstseins stattgefunden hat. Manche der BewohnerInnen sind selbst ArchitektInnen und kannten den architektonischen Wert der Weißenhofsiedlung bereits, teilweise sogar aufgrund planerischer Arbeit in der Siedlung selbst. Diese Gruppe berichtete uns, dass nach dem Einzug die Auseinandersetzung nochmal intensiver durch das tägliche Leben in und mit der eigenen Wohnung wurde. Allgemein wurde berichtet, dass man noch bewusster wohnte als zuvor und die sinnlichen Wahrnehmungen sich gesteigert hätten.

Stimmen der BewohnerInnen:

• »Fühle mich hier pudelwohl« • »Die Aura und Perfektion des Hauses hat meine künstlerischen Arbeiten inspiriert« • »Ich genieße es, hier wohnen zu dürfen« • «Wir würden das Haus, so wie es ist, heute genauso wieder bauen« • »Es ist ein Privileg. Das Haus ist flexibel und passt sich an»

Bei den meisten befragten BewohnerInnen begann mit dem Einzug eine langfristige Beschäftigung mit dem jeweiligen Architekten des Hauses: Was waren seine planerischen Absichten, wie hat er sie bei seinen anderen Entwürfen umgesetzt, wie wirken seine Konzepte bei seinen SchülerInnen nach? Bei Möblierung und Innenausgestaltung schaute man sich zum Teil genau an, was der Architekt in seinen Plänen wo vorgesehen hatte. Es wurde dann eingehend geprüft, was übertragbar ist.

»Ich habe schon vor Jahren versucht, ein Etagenhaus zu konstruieren, das geeignet sein könnte, den Hauptvolkskrankheiten vorzubeugen oder die Heilung zu begünstigen. Um gegen die Tuberkulose wirksam sein zu können, erscheint es notwendig, dass jeder Wohnung auch im Etagenhaus ein größerer Freiplatz unter offenem Himmel beigegeben ist. Trotzdem ist noch darauf zu achten, daß sämtliche Wohnungen durchlüftbar sind.« **Peter Behrens**

Hans Scharoun

Zum Schluss möchten wir auf die eingangs aufgeführten Fragestellungen hinsichtlich **Brauchbarkeit** und Erfüllung heutiger Wohnansprüche zurückkommen.

Manche Prognosen der Architekten sind nicht eingetreten – so wird entgegen der Aussage von Mart Stam heute in seinen Häusern weiterhin leidenschaftlich Apfelkuchen gebacken, auch wenn die Küchen sehr klein sind. Sein Haus jedoch mit der offenen, reduzierten Raumgestaltung hat sich den unterschiedlichen Lebensabschnitten der BewohnerInnen gut anpassen können.

Unsere Frage, ob BewohnerInnen bekannt sind, die aufgrund der Architektur wieder ausgezogen sind, wurde von allen negativ beantwortet: Es war niemand bekannt.

Der allgemeine Tenor ist: »Wenn man hier einzieht, dann lässt man sich ganz bewusst auf die Architektur der Weißenhofsiedlung ein und nimmt bautechnische Nachteile gegenüber einem Neubau gerne in Kauf.«

In unseren Gesprächen mit den BewohnerInnen konnten wir zusammenfassend feststellen, dass die Häuser und Wohnungen der Ausstellung von 1927 auch heute noch zeitgemäß und lebenswert sind.

Abschließend möchten wir uns bei allen GesprächspartnerInnen für ihre Gastfreundschaft, Geduld und Offenheit bedanken – nicht ohne hervorzuheben, dass sie sich teilweise sehr intensiv mit dem jeweiligen Architekten und seinem Umfeld bzw. der Weißenhofsiedlung insgesamt auseinandergesetzt haben.

»Als Ergebnis und Gewinn der Ausstellung steht fest: Die Einheitlichkeit des Gesamtbildes der Siedlung trotz der subjektiven Durchführung der einzelnen Bauten auf Grund verschiedener Persönlichkeiten und Nationen.«

Hans Scharoun

BesucherInnen der Weißenhofsiedlung vor den Le-Corbusier-Häusern, von der Friedrich-Ebert-Straße aus gesehen, 1929

Gesundheit als Grundidee der Moderne

von Raquel Jaureguízar und Jörg J. Berchtold

War die **Moderne Architektur,** wie Dr. Beatriz Colomina behauptet, »das Ergebnis der Panik vor Tuberkulose«?[1]

Ist die Angst der wesentliche Motor unserer Kreativität und Antrieb unseres Mutes als ArchitektInnen und StadtplanerInnen, um drohenden Gefahren wie dem Klimawandel und der Corona-Pandemie zu begegnen?

Die **Spanische Grippe** grassierte von 1918 bis 1920 um die ganze Welt. Sie war die bis dato schlimmste Pandemie der Menschheit und tötete in kurzer Zeit 30 bis 50 Millionen Menschen.

Im Ersten Weltkrieg gab es neun Millionen Gefallene zu beklagen. Das Ende der Spanischen Grippe 1920 war nur sieben Jahre vor der Eröffnung der Werkbundsiedlung auf dem Weißenhof.

Tuberkulose war aber noch das Schattengespenst der Goldenen Zwanziger.[2] Bereit für den Neuanfang wollte man Krieg und Krankheiten hinter sich lassen. Der Mensch war nun Adressat der Gestaltung und mit ihm die neue Gesellschaft. Die Gesundheit und ein neues Bewusstsein für Körperlichkeit standen im Mittelpunkt.

1 **X-Ray Architecture,** Dr. Beatriz Colomina, Interview von Sandra Bartoli und Kito Nedo für **Frieze,** Nr. 18, 2015.

2 Die Goldenen Zwanziger werden in Deutschland von 1924 bis 1929 verortet. Der Wirtschaftsaufschwung steht auch für die Blütezeit der Kunst, Kultur und Wissenschaft so kurz nach Kriegsende.

3 Der 1924 erschienene Bildungsroman von Thomas Mann **Der Zauberberg** spielt in einem Lungensanatorium in Davos.

»Das moderne Haus von heute ist wie eine ärztliche Verordnung, die empfiehlt, dass man rausgehen soll, das Fenster öffnen, alles weiß zu streichen, Sport zu treiben, alles Unnötige wegzuräumen und so weiter.«

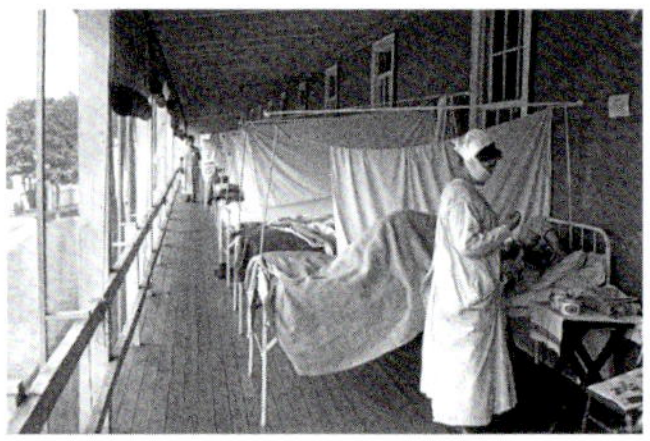

Grippestation im Militärkrankenhaus Walter Reed in Washington, D. C. während der Spanischen Grippe-epidemie von 1918 bis 1919

Schaffner in Seattle, 1918, verweigert Fahrgästen ohne Maske die Mitfahrt.

Frische Luft und Luftkuren waren die Antwort und Lungensanatorien gegenwärtig.[3] Ruhen und Liegen waren probates Mittel und empfohlene Maßnahme. Dies fand auf Terrassen zum »Luftbaden« statt.

Damit wurde das Düstere und das Leid des Krieges zurückgelassen. Krankheiten wurden als Gegebenes genommen. Die sozialen Strukturen, die Exklusivität der Familie, waren aufgebrochen. Formale Gestaltung, innovative, industrialisierte Bautechnik, Beiträge zum kostengünstigen Wohnen – das sind die Kriterien, auf die die Werkbundsiedlung auf dem Weißenhof üblicherweise von Fachleuten abgeklopft wird. Das heute noch Gegenwärtige, die sichtbare Architektur, ist der übliche Pfad, über den die Näherung an die damalige Ausstellung **Die Wohnung** von 1927 erfolgt. Die Gesamtausstellung umfasste aber weit mehr: Den neuen Menschen, die neue Zeit, die neue Gesellschaft.

Das soziale Ende der Pandemie wurde ausgerufen. Der Neubeginn brachte Leichtigkeit und Lebensfreude, gar Frivolität nach Stuttgart. Im **Friedrichsbau Varieté** wurde Jazz gespielt, es traten internationale Stars auf.[4] Kein Denkmal erinnert heute an die Grippewelle, keine Relikte davon sind bekannt. Erst die Corona-Krise frischt unseren Blick auf.

Nahezu hundert Jahren nach dem Bau der Weißenhofsiedlung wiederholt sich nun ein Teil der Geschichte. Die Covid-19-Pandemie erfordert ein Umdenken. Sie verändert unsere Lebensweise und wirkt damit bereits auf die Organisation unserer Stadträume und auf unsere Umwelt. Architektur ist heutzutage kein Diskurs in elitären Sphären, sondern wird in der Öffentlichkeit intensiv diskutiert. Architektur ist wieder wirksames Werkzeug, um Neues zu denken. Sie ist aufgefordert, auf die neuen Bedürfnisse unserer Städte und Häuser zu reagieren und gesunde sowie sichere Räume zu erschaffen.

Der aktuell vorherrschende Diskurs über Gesundheit und Nachhaltigkeit wird ganz oft aus technischer Sicht geführt. Technische Lösungen stehen im Vordergrund und Stadträume mit fragwürdiger Ästhetik werden umgesetzt. Es wird viel über Solarpanele, vertikale Gärten und Parkplätze gesprochen und viel zu wenig über den seelischen, geistigen und körperlichen Bedarf der NutzerInnen.

Das Coronavirus hat die Menschen, deren Gesundheit und Hygiene erneut in die Mitte gerückt. Öffentlicher Raum und die halböffentlichen Räume – Balkone, Dachterrassen, Laubengänge und Innenhöfe – stehen im Fokus der Debatte. Ebenso flexiblere Häuser, in denen Privatleben und Arbeit besser in Einklang zu bringen sind. Wir müssen

»Für die moderne Architektur ist die Gesundheit, was die Religion für die gotische Architektur war.« Dr. Beatriz Colomina

Dr. Beatriz Colomina ist Architekturprofessorin und Gründungsdirektorin des Programms **Media and Modernity** an der Princeton University. Zu ihren Veröffentlichungen zählen **Manifesto Architecture: The Ghost of Mies** (2014), **Domesticity at War** (2007) und **Privacy and Publicity. Modern Architecture as Mass Media** (1994).

Räume erzeugen, die sowohl unserer körperlichen Gesundheit dienen als auch unseren emotionalen Bedürfnissen. Dies findet schon auf lokaler, nationaler und internationaler Ebene statt. Seit der Moderne wissen wir, dass gut orientierte, helle und belüftete Räume, auch deren Schönheit, zur Heilung beitragen, zeitlos und nachhaltig sind. Nichts Wertvolleres als Raum, der uns berührt und bewegt, der uns hilft, von Zeit zu Zeit zwischen Stress und Unsicherheit innezuhalten, um wieder atmen zu können.

Blick in den Katalog zur Werkbundausstellung Die Wohnung

Welche Bezüge und Antworten sind von den Architekten in Wort und Werk bezüglich Gesundheit in der Weißenhofsiedlung zu finden? Die Gesundheit als Thema zieht sich wesentlich durch die Erläuterungstexte der Architekten. Ein Blick in den Katalog zur Ausstellung[5] unter diesem Aspekt fördert Überraschendes zutage.

Im ersten Beitrag verweist **Peter Behrens** unmittelbar auf Gesundheit als Leitthema seiner Architektur. Innovatives Bauen, Bautechnik, kostengünstiges Wohnen werden von ihm mit keinem Wort erwähnt. Frische Luft durch Dachterrassen und Balkone in den Grundrissen, Gesundheit, Hygiene und gute Durchlüftbarkeit der Wohnungen sind seine Kriterien.

»Ich habe schon vor Jahren versucht, ein Etagenhaus zu konstruieren, das geeignet sein könnte, den Hauptvolkskrankheiten vorzubeugen oder die Heilung zu begünstigen.«

Auf dem Weißenhof baut er seine terrassenförmige Architektur unter diesem Aspekt. Die heutigen BewohnerInnen haben in der Corona-Zeit diesen Ansatz neu zu schätzen gelernt.

Beispielhaft bei **Adolf Gustav Schneck,** der den Balkon mit einem Vorhang gegen Blicke schützte und konsequent durch das Bad erschloss.

Terrassen, Balkone und gut durchlüftbare Grundrisse bei allen Wohnungen als Grundgedanke bei Peter Behrens

4 Im Stuttgarter **Friedrichsbau Varieté** traten internationale Stars auf, etwa Charlie Rivel, Josephine Baker. 1929 wurde sie von Le Corbusier bei einer gemeinsamen Schiffsfahrt auf der **Ciulio Cesare** in seiner Kabine gezeichnet, Adolf Loos plante ihr 1928 ein Haus in Paris.

5 Bau und Wohnung, Typografie und Buchgestaltung von Willi Baumeister, Wedekind Verlag, Stuttgart 1927.

»Für den modernen Menschen ist das tägliche Luft- und Lichtbad zur Erhaltung seiner Gesundheit, seiner körperlichen und geistigen Kräfte eine Notwendigkeit.«

Adolf Gustav Schneck

Tuberkulosebehandlung in der Hochgebirgsklinik **Zauberberg** in Davos, 1901; Thomas Mann veröffentlichte seinen hier handelnden Roman 1924.

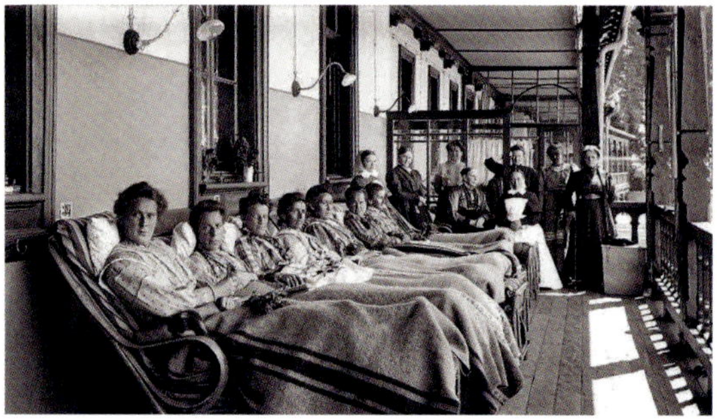

Open-Air-Schlafzimmer in Robert Mallet-Stevens' **Villa Noailles,** Hyères, Frankreich, um 1924

Mies van der Rohe: Gemeinsamer Dachgarten mit erhabenem Blick über die Stadt, der allen BewohnerInnen gleichermaßen gewidmet ist, über das gemeinsame Treppenhaus erschlossen. Hier ist auch die Waschküche und der Trockenraum zugeordnet.

J. J. P. Oud: Wirtschaftshof zur Arbeit im Freien, Bad und WC im DG, den Schlafräumen zugeordnet mit »direktem Oberlicht«.

Hans Poelzig: DG mit großzügigem »Sonnenbad«, den Schlafzimmern und dem Bad zugeordnet.

Adolf Rading: Rückt den Menschen in den Mittelpunkt seines Textes, DG mit »Sonnenbad«.

Hans Scharoun: DG mit großzügiger Dachterrasse, den Schlafzimmern und Bad zugeordnet. Mit Vorhängen als Sichtschutz. Hinweis auf neue Wohnform, neue Einstellung zur Familie und zu Hausangestellten.

Bruno Taut: »Proletarier unter den Häusern«, Dachterrasse. »Das Haus mit all seinen Teilen muß Besitz des neuen Menschen sein; nicht darf das Haus den Menschen besitzen.«

Max Taut: Haus 23 mit großer Dachterrasse, »Wohn- und Schlafzimmer müssen möglichst viel Licht bekommen.«

»Wohnen ist heute mehr denn je eingestellt auf den Zusammenhang mit Licht, Sonne, Luft«, so lautet der erste Satz von **Richard Döcker.** Die Terrasse verfügt über einen Wasseranschluss, eine »schwedische Wand für Turnübungen« (Sprossenwand) und zuziehbare Sonnensegel als Blickschutz, direkter Zugang zum Bad.

Walter Gropius: Ausführung in Haus 16 mit großer Dachterrasse mit Sonnensegel, im Grundriss als »Dachgarten« bezeichnet. Gropius definiert den Architekten als »Organisator, der alle biologischen, sozialen, technischen und gestalterischen Probleme zu sammeln und zu einer selbständigen Einheit zu verschmelzen hat«.

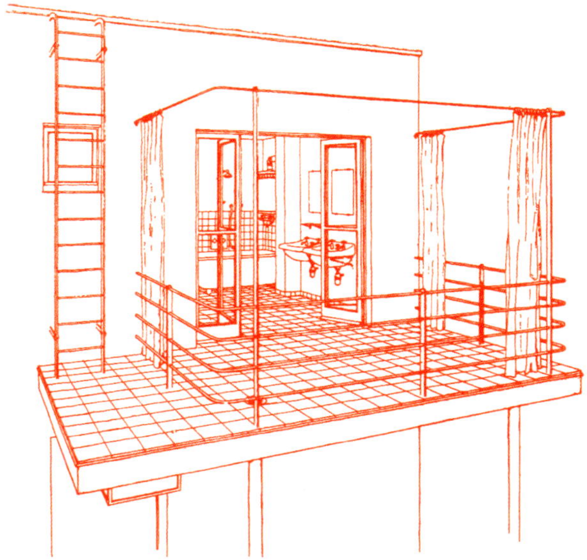

Haus Adolf Gustav Schneck,
Balkon als Luftbad,
über das Bad erschlossen

Beitrag zum Doppelhaus Le Corbusier

Tuberkulosepatienten wurde in den 1920er Jahren von Ärzten und Krankenschwestern empfohlen, Vorhänge, Teppiche und Ornamente zu entfernen; stattdessen riet man, ein einfaches Bett, Kleiderschrank und Tisch zu verwenden, da diese schwerer verstauben und leicht zu reinigen sind. Genau das forderte Willi Baumeister mit seinem berühmten Plakat (siehe Seite 47) für die Werkbundausstellung auf dem Weißenhof. Wenn diese alten, glänzenden, überdekorierten und verstaubten Innenräume uns krank machen und als falsches Vorbild für die zukünftigen Generationen stehen, wie müssen wir dann wohnen? Die 17 Architekten auf dem Weißenhof wurden damit aufgefordert, eine passende Antwort zu finden.

Getreu der Lehre des modernistischen Urbanismus versprachen die Architekten der Weißenhofsiedlung den EinwohnerInnen der Großstadt eine Zukunft voller Licht mit einer fast mediterranen Sonne, frischer Luft an der oberen Peripherie des Kessels und Grünflächen, die sich von den grauen, schmutzigen und lauten Fabriken – Produzenten von Wohlstand und Wachstum, aber gleichzeitig auch Bedrohung der Gesundheit – abhoben.

Le Corbusier definiert das Haus als **Wohnmaschine** und zeigt dies exemplarisch zum ersten Mal in Stuttgart auf. In seinem Stuttgarter Doppelhaus trennte Le Corbusier mit den frei stehenden Pilotis das Haus vom nassen, feuchten, ungesunden Erdgrund – dem »Feind der Menschen«. Der hier verortete Eingangsbereich ist die freie, dynamische Promenade im Schatten, sich zur Straße öffnend, von Frischluft durchspühlt, Sicherheit und Überblick bietend.

Das Erdgeschoss ist kein verlorener Raum, sondern eine technische, soziale, hygienische, kulturelle und pädagogische Revolution. Nach Aufstieg und Eintritt findet man sich wieder in einer Höhlenatmosphäre: Dem Kommunikationskern,

Walter Gropius, Haus Nr. 16

Eine Frau, die trainiert, auf der Terrasse von Richard Döckers Haus in der Werkbundsiedlung auf dem Weißenhof, Stuttgart, 1927

Haus Le Corbusier, 1929

Abbildung linke Seite:
Dachterrasse Haus Hans Poelzig, über Eck aufgeteilt in einen allgemeinen Terrassenbereich und in einen Bereich zum Sonnenbaden. Hier sind auch Rundstangen für die Sichtschutzvorhänge angebracht.

Willi Baumeister (mit Ludwig Mies van der Rohe und Werner Gräff), Plakat zur Werkbundausstellung **Die Wohnung** in Stuttgart, erste Fassung (mit Jugendstil-Einrichtung), 1927

weder einladend noch freundlich. Diese Etage schützt die Familie vor dem Lärm, den Krankheiten und der Einbruchsgefahr am Übergang zur Stadt. Der hier angeordnete Dienstboden bietet aber auch ebenerdigen Wohnraum für das Hausmädchen, das den kalten, feuchten Keller verlässt und damit in ein schöneres und besseres Leben mit Tageslicht blickt. Damit erhält sie einen privaten Raum mit Strom, Heizung, einem Bett, einem Einbauschrank, Sonnenlicht, Luft und Blick auf einen ruhigen Garten, der von weißen und leicht mintfarbenen Wänden gerahmt und geschützt wird. Und wer weiß, ob Le Corbusier auch geträumt hatte, dass das Hausmädchen irgendwann nach einem Arbeitstag, bevor die Sonne untergeht, auf ihrem Stuhl neben ihrem Schreibtisch sitzen würde, um ein Buch zu lesen oder einen Brief zu schreiben. Warum nicht, wenn der befreite Raum es zulässt, die Wäsche bereits draußen trocknet und das Haus nach Seife und hausgemachten Köstlichkeiten duftet?

Le Corbusier kämpfte für die Notwendigkeit, freundliche, hygienische, spielerische und sichere Räume zu schaffen. Mit einem einfachen Layout, das als Raster auf einem Modul[6] von 2,5 Metern basiert, kann man das Doppelhaus als Puzzle mit kleinen, aber großzügigen wirkenden Elementen – den Einzelzimmern – verstehen. Und wenn alles

aus dem Blickwinkel eines Kindes betrachtet wird, fühlt und bewegt man sich ganz oft, wie bei einem Versteckspiel in einem Dampfschiff oder einem Zug: links, rechts, oben, unten, hinten oder vorne.

Die Diensträume sind auf den Hinterhof, der sich im Winter als Lichtbad und im Sommer als frischer Rückzugsort anbietet, ausgerichtet. Die Fenster sind leichtgängig zu bedienen, zum einfachen Lüften und Reinigen; groß genug, um Mittags- und Abendlicht ins Haus zu bringen; und schmal genug, um zu verhindern, dass Einbrecher in das Haus eindringen, in ein Leben, das nun freier, entspannter und angstloser gelebt werden durfte.

Dachterrasse und links ein Innenraum des Hauses von Le Corbusier, in dem heute das Weißenhofmuseum untergebracht ist.

6 Mit dem Modul ist die lichte Weite zwischen zwei Stützen gemeint, die Basis seiner Grundrisskomposition.

»Es handelt sich hier keineswegs um ästhetische Phantasien oder Trachten nach modischen Effekten, sondern um architektonische Tatsachen, welche ein absolut neues Bauen bedeuten, vom Wohnhaus bis zum Palasthaus.«

Le Corbusier und Pierre Jeanneret

Wenn man Sonne, Ruhe und frische Luft in Stuttgart sucht, findet man sie in den Höhen, auf den begrünten Hügeln oder in einem solchen Paradies auf Erden: dem Dachgarten – von Le Corbusier »als bevorzugter Ort des Hauses« benannt und gleich Nummer zwei seiner **Fünf Punkte zu einer neuen Architektur**. Hier begegnet man sich, kann in den Trögen gemeinsam Nutzpflanzen züchten, aber auch sonnenbaden, trainieren oder einfach die grandiose Aussicht über die Stadt, die Industrie und die Landschaft bewundern. Dort, wo die Welt stehen bleibt, eine Oase in der Autostadt, hört man oft die Eichhörnchen, die Vögel, entfernte Glockenspiele und die Straßenbahn, die BewohnerInnen in ihren Gärten und internationale Sprachen der BesucherInnen. Wenn man die Augen schließt, kann man fast die Wellen des Neckars hören. Und so fühlt man sich dem mediterranen Traum von Le Corbusier nah: elitär und erhaben schwebend – in Sonne, Licht, Luft und gutem Wein badend.

Skizze von Alfred Roth aus **Zwei Häuser von Le Corbusier und Pierre Jeanneret,** 1927

Josephine Baker und Le Corbusier

von Michael Kimmerle

Le Corbusier (Zweiter von links) und Josephine Baker an Bord der **Giulio Cesare,** 1929

Josephine Baker in Berlin, 1926, Foto: Karl Vollmoeller

Um sich in die Zeit der sogenannten »Roaring Twenties« hineinversetzen zu können, ist uns beim Recherchieren folgende Geschichte aufgefallen:

Auf der Passage des Ozeandampfers »Giulio Cesare« von Südamerika zurück nach Europa im Jahre 1929 lernen sich zufällig die junge Revuetänzerin Josephine Baker aus St. Louis und der Schweizer Architekt Charles-Édouard Jeanneret-Gris, bekannt unter dem Künstlernamen Le Corbusier, kennen. Es entwickelt sich offensichtlich eine leidenschaftliche Affaire zwischen den beiden, die in Zeichnungen überliefert ist, die Le Corbusier von der für ihren Bananentanz berühmte Josephine in der Kabine anfertigte, während sie ihm »Ich bin ein kleiner schwarzer Vogel, der einen kleinen weißen Vogel sucht [...]« vorsingt. Die Geschichte wird oft so dargestellt, als hätte dieses Erlebnis von Le Corbusier zu der später zur Architekturikone gewordenen **Villa Savoye** inspiriert, obwohl er zeitlich gesehen schon vorher die Pläne dazu gehabt haben muss. Zweifelsohne ist es kein Zufall, dass Schiffe und das Meer die Konzepte und das Aussehen seiner Bauten inspiriert haben.

»Sehen Sie her, meine Herren Architekten«, ruft er seinen Kollegen in den Pamphleten seines Magazins, dem **Esprit Nouveau**, zu, »das hier ist die Schönheit unserer Zeit! Diese klaren Linien, diese saubere, gesunde Architektur!«

Vermutlich war es Karl Gustav Vollmoeller (geboren 1878 in Stuttgart, gestorben unter ungeklärten Umständen 1948 in Los Angeles), der Josephine Baker nach Deutschland brachte. Der agile Sohn des Stuttgarter Textilunternehmers Robert Vollmoeller war ein Multitalent: Schriftsteller, Archäologe, Philologe, Lyriker, Dramatiker, Drehbuchautor, z. B. des **Blauen Engels,** Übersetzer, Pionier des Automobilbaus, Flugzeugkonstrukteur, Pionier des Stumm- und Tonfilms und Talentsucher. Er entdeckte u. a. auch Marlene Dietrich. Sein sprachloses Theaterstück **Le Miracle** feierte europaweit große Erfolge. Nach dem Ersten Weltkrieg lebte er regelmäßig mehrere Monate in den USA. Dort sah er Josephine Baker zum ersten Mal und verschaffte ihr u. a. auch Auftrittsmöglichkeiten im Stuttgarter Friedrichsbau Varieté. Die Brauerei Wulle hatte seinerzeit das ursprünglich klassizistische Gebäude des Friedrichsbaus gekauft und kurz vor 1900 in ein fünfstöckiges Jugendstilhaus mit Erkern, Balkonen und Türmen umbauen lassen. Hauptattraktion war der große Theatersaal mit ca. 800 Plätzen. Unter der Leitung des Wieners Ludwig Grauaug traten dort viele berühmte Varieté-Stars dieser Zeit auf, Ende der 1920er-Jahre eben auch die junge Josephine Baker. Nach 1945 kam sie noch einmal nach Stuttgart. 1950 trat sie im Franz-Althoff-Bau in der Neckarstraße und 1961 als Stargast beim Stuttgarter Presseball auf.

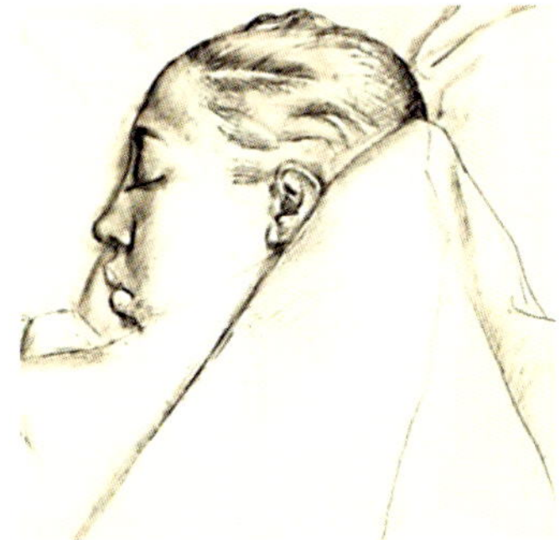

Le Corbusier, **Josephine Baker sleeping,** 1929, Bleistift, Tusche auf farbigem Papier, 40,6 × 24,5 cm

Le Corbusier, **Stehender Akt** (Josephine Baker), November 1929, Aquarell, Bleistift auf Papier, 41,7 × 24,6 cm

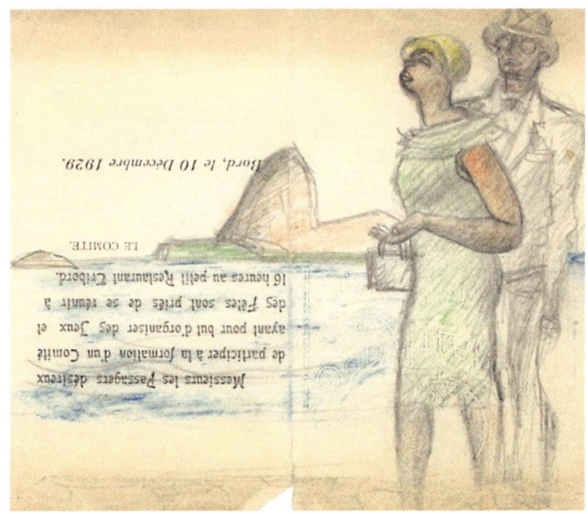

Le Corbusier, **Josephine Baker und LC in Rio de Janeiro,** 1929, Zeichnung, Buntstift auf Einladung

Anmerkungen zu Freiräumen und Gärten in der Weißenhofsiedlung

von Christof Luz

Ein Garten ist nie fertig.
Alles wächst, verändert sich, Ansprüche und Nutzungen unterliegen den verschiedensten Entwicklungen.

Vieles wird im Laufe der Zeit immer besser, manches aber auch nach einer Weile zu viel, gelegentlich entsteht sogar ein rechtes Durcheinander …

Verschiedene Wachstumsphasen der fragwürdigen Bepflanzung am Scharoun-Bau

Entscheidend ist deswegen so gut wie immer ein durchdachtes und stabiles Grundkonzept am Anfang: ein Plan, der Freiraum und Nutzung, Gestalt, Vegetation und viele weitere Belange im Kontext zur Bebauung zu einem Ganzen integriert, einer Einheit, die stabil ist, aber auch Entwicklungen zulässt und einbezieht und ein anständiges, würdiges und brauchbares Reifen und Altern zulässt.

Was ist

Ein stolzes und sehr hohes Alter hat die Weißenhofsiedlung nun erreicht und sie bietet auch nach fast 100 Jahren beliebte, begehrte und sehr schöne Wohnorte.

Und vor allem ist sie nach wie vor und zu Recht eines der herausragenden Beispiele in der Geschichte der Architektur und Baukunst. Das Erscheinungsbild der Freianlagen wird einem solchen Anspruch derzeit nur wenig gerecht.

Generell gibt es eher ein Zuviel als ein Zuwenig an Vegetation, oft ist sie einfach »durchgegangen«, gelegentlich wurde auch, verständlich und zu Recht, eingegriffen, da und dort ist Neues dazugekommen und im Ergebnis herrscht der Eindruck des Zufälligen.

Architekturen und Gärten bilden keine Einheit. Bei genauerem Hinsehen ergibt sich, dass dies jedoch, von wenigen Ausnahmen abgesehen, kaum den BewohnerInnen vorzuhalten wäre. Vielmehr ist seinerzeit eine der Bedeutung des **Neuen Bauens** entsprechende Gestaltung der Gärten offensichtlich nicht erfolgt.

Monatszeitschrift für **Gartenkunst** und verwandte Gebiete, Jahrgang 1927

Was war

Es gab offensichtlich keine übergeordnete Konzeption für eine Gartengestaltung. Die Gärten entstanden mehr nach zufälligen Gesichtspunkten.

Am Bebauungsplan und an der Planung der Einzelgärten war, soweit bekannt, kein Gartenarchitekt beteiligt. Lediglich die überlieferten Architektenpläne enthielten generelle Aufteilungen der Gartenflächen. Die von der Deutschen Gesellschaft für Gartenkunst seinerzeit entwickelten Vorstellungen und Hinweise wurden nicht übernommen. Die Ausführung der Gärten stand unter einem erheblichen Zeitdruck.

In der Zeitschrift **Gartenkunst**, Jahrgang 1927, wurden diese Schwierigkeiten und Versäumnisse dargestellt. Carl Heicke schrieb hierzu: »Die Durchführung wurde der städtschen Gartendirektion übertragen, die sich ihrerseits mit einigen Stuttgarter Fachleuten in Verbindung setzte. Da konnte natürlich keine Rede mehr davon sein, all die Absichten zu verwirklichen.«

»Zeigt also die Weißenhof-Ausstellung, einheitlich in Grundauffassung, wechselnd in den Einzelheiten, **die neue Wohnung**, so drängt sich sofort die Frage auf: **und ihr Garten?** – Da müssen wir nun mit Bedauern feststellen, daß wieder einmal eine Gelegenheit verpasst ist. Nicht durch uns!« **Carl Heicke**

Carl Heicke, Frankfurter Gartenbaudirektor von 1902 bis 1912

»Die Schuld liegt nicht auf Seiten der Gartenarchitekten, wenn die Werkbundausstellung **Die Wohnung** Stuttgart 1927 die Erwartungen, die man hinsichtlich ihrer Gärten hegen mußte, nicht erfüllt und in Stuttgart die neue Wohnung ihren Garten nicht erhalten hat.«

Wie man sieht, hat schon im Ausstellungsjahr eine rege Debatte in der Profession zur **Gartenfrage** stattgefunden, aus der sich seitens der Beteiligten deutliche Kritik und auch Bedauern erkennen lässt.

Im Übrigen ein Vorgang, wie er sich jetzt zur **IBA'27** bereits wieder anzudeuten scheint. Allerdings gibt es auf die Frage, wie wohl eine damalige Gesamtkonzeption ausgesehen hätte, wäre sie vorhanden gewesen, kaum Antworten. Es gibt in der Gartengeschichte dieser Zeit nur sehr wenige Vorbilder.

Aus dem Jahre 1925 gibt es z. B. einen Plan von Hans Friedrich Pohlenz zu einem Haus von Walter Gropius, der auf einer juryfreien Kunstausstellung in Berlin 1925 einen 1. Preis erhalten hatte und von dem gesagt wurde, dass er zur Bauhaus-Richtung »von Grund auf organisch dazu passte«. Die Elemente dieses Gartenplanes waren geschnittene Hecken in verschiedenen Größen und Ausformungen, kubisch geschnittene Sträucher, regelmäßige Schmuckpflanzung, regelmäßige Plattenbeläge.

Weitere Beispiele für die Gartenauffassung der Jahre 1925 bis 1930 könnten Entwürfe von Leberecht Migge sein, z. B. die Römerstadt in Frankfurt am Main, die Hufeisensiedlung in Berlin-Britz und andere.

Dies waren regelmäßige Anlagen mit bewusst gesetzten Baumpflanzungen aus nur wenigen großkronigen Bäumen, einer großen Anzahl mittel- und kleinkroniger, zum Teil geschnittener Bäume, geschnittene Hecken, in das formale Konzept integrierte Nutzgärten.

Weitere Vorschläge einer zurückhaltenden Gestaltung mit Platten- und Kieshöfen, geschnittenen Hecken, Schlingern und Kübelpflanzen wären der Architektur wohl eher angemessen gewesen als das, was dann mehr oder weniger zufällig entstanden ist. Mit Sicherheit hätte dies auch eine günstigere Basis für die weitere Entwicklung bilden können.

Kaum Vorbilder und eine fehlende übergeordnete Konzeption für die Anlage der Gärten haben auch zur Folge, dass es keine Grundsätze für die Pflege und Entwicklung der Gesamtanlage gegeben hat und gibt. Jeder war und ist auf sich alleine gestellt mit der Folge unterschiedlichster Pflegeintensitäten, Gestaltungsauffassungen, Ansprüche und Ausformungen. Wie schon gesagt: Eher zu viel als zu wenig …

Der sonderbare Garten, Zeichnung von Hans Friedrich Pohlenz anlässlich der juryfreien Kunstschau Berlin, 1925

Die **Hufeisensiedlung** in Berlin-Britz, errichtet von 1925 bis 1933, ist eine Siedlung des sozialen Wohnungsbaus und seit 2008 UNESCO-Welterbe. Sie entstand nach Plänen des Architekten Bruno Taut, des Architekten und späteren Berliner Stadtbaurats Martin Wagner sowie des Gartenarchitekten Leberecht Migge. Sie ist eines der ersten Projekte des sozialen Wohnungsbaus und gilt als eine Ikone des modernen Städtebaus und des Neuen Bauens.

Was könnte (sollte!) sein?

Anlässlich des 100. Geburtstages etwas teilweise nachzuholen und insbesondere eine Basis zu legen für die Entwicklungen der kommenden Jahrzehnte, wäre ein wünschenswertes, eigentlich notwendiges Ziel. Allerdings ist dies nicht ganz einfach und bedarf einer gründlichen Auseinandersetzung mit dem Bestand, aber auch mit weiteren grundsätzlichen Fragen.

Selbst wenn damals konkrete Gartenpläne bestanden hätten, wäre es, weil Vegetation ein lebendiges Material ist, schwierig, nach der langen Zeit der Entwicklung wieder einen ursprünglichen Zustand erreichen zu wollen.

Der Baumbestand ist inzwischen herangewachsen, aber noch nicht völlig überaltert. Viele Bäume sind zur vertrauten Gewohnheit geworden, einige tragen zur Stadtbildprägung bei. Man kann jetzt die ausgewachsenen Bäume nicht ohne Not entfernen, auch wenn sie an zufällige Standorte geraten sind.

Eine dem damaligen Geist der Zeit entsprechende Konzeption jetzt, im Nachhinein, zu entwickeln, würde bei ihrer Durchführung bedeuten, dass fast der gesamte Baumbestand beseitigt werden müsste. Dies scheidet aus.

Es geht also weniger um Wiederherstellung oder gar denkmalgerechte Restaurierung! Hilfreich wäre eine fundierte Konzeption zur Pflege und Entwicklung, die in Kenntnis und auch teilweiser Anwendung damaliger Gartenauffassungen einerseits und des Bestandes andererseits, zugleich aber auch mit kreativem Blick in die Zukunft, in einer Art **Scheckheft**, wie wir es von Inspektionen unserer Autos kennen, notwendige, sinnvolle und wünschenswerte Maßnahmen über einen längeren Zeitraum darstellt.

Im Ergebnis werden diese Maßnahmen Eingriffe, Erhaltenswertes und Neues zu einem Ganzen integrieren müssen.

Von ganz besonderer Bedeutung sind dabei auch soziale Gegebenheiten und Erkenntnisse. Garten bedeutet auch Lebensraum und Heimat. Gartenarchitektonische »Vorgaben« aus dem Gesamtzusammenhang heraus müssen deswegen immer auch individuelle Gestaltungen bis hin zur Selbstverwirklichung miteinbeziehen und ermöglichen, ohne das Große und Ganze aus den Augen zu verlieren. Dies erfordert große Behutsamkeit, aber auch den einen oder anderen deutlichen Hieb. Wenn man so will, im Vorfeld zum 60. Geburtstag, ist dies auf Initiative der damaligen Eigentümer im Jahr 1983 schon einmal versucht worden.

Leider sind damals nach Abschluss der Gebäudesanierungen die Gestaltung, Wiederherstellung und Pflege der Gärten nicht weiterverfolgt worden. Wie schon 1927 wollte man sich mit den Freiräumen offenbar nicht näher befassen. Sie sind aber Teil des Ganzen, sind nicht wegzudenken und gewinnen gestalterisch, sozial und ökologisch immer mehr an Bedeutung.

Bis 2027 ganz bestimmt. Zeit, bis dahin, etwas zu tun, wäre gerade noch genug.

Generalplan von 1982, Landschaftsarchitekturbüro Hans Luz + Partner, Stuttgart

Das (vernachlässigte) Grün der Weißenhofsiedlung

von Henrike von Werder-Zyprian

Den typischen, gar einheitlich gestalteten Garten einer klassischen Einfamilienhaus- oder Großsiedlung sucht man in der Weißenhofsiedlung ebenso vergeblich wie modellhafte, wiederkehrende Gebäudetypen. Nicht, weil etwa dieser Gartentypus verwachsen, umgestaltet oder gar überbaut wurde, sondern weil es ihn nie gab. Auch ein gärtnerisches Konzept für den öffentlichen Raum wurde nie entwickelt. Die einzigen übergeordneten und damit verbindenden Elemente waren der für damalige Verhältnisse großzügige Straßenraum sowie die bis heute weitestgehend weiß verputzten Betonmauern.

Zwar als dauerhafte Wohnsiedlung angelegt, fungierte die Weißenhofsiedlung zu Beginn als reine Ausstellungsfläche. Eine Vielzahl von Architekten aus dem In- und Ausland wurden beauftragt, neue Bau- und Wohnlösungen zu finden. Landschafts- und Gartenarchitekten wurden in die Planungen nicht miteinbezogen. Ein Umstand, den bereits das zeitgenössische Fachpublikum bemängelte.

Das Grundstück des viergeschossigen Wohnblocks von Mies van der Rohe ist 1928 durch eine hüfthohe Hecke vom Straßenraum abgegrenzt. Von einer Individualgestaltung der einzelnen Gärten ist noch nichts zu erkennen.

Die Bestandserfassung

Als vor circa 40 Jahren das Büro Hans Luz + Partner mit der geplanten Sanierung aller Gärten und Freiflächen in der Weißenhofsiedlung beauftragt wurde, entstand erstmals eine Bestandserfassung jener Grünflächen. Allerdings wurden diesbezüglich nur jene der noch erhaltenen Originalbauten untersucht und erfasst. Um zukünftig bei notwendigen Erhaltungs- und Instandsetzungsmaßnahmen in der Siedlung auch qualitative Entscheidungen für die restlichen Grün- und Freiflächen treffen zu können, ohne deren erhaltenswerten Bestand zu gefährden, war eine erneute wissenschaftlich fundierte Grundlagenermittlung notwendig.

Das Landesamt für Denkmalpflege Baden-Württemberg beauftragte die Landschaftsarchitektin Katrin Schulze mit der Erstellung dieses gartendenkmalpflegerischen Gutachtens, das sowohl die Außenbereiche der Weißenhofsiedlung als auch die der unmittelbar angrenzenden Beamtensiedlung betrachtet. Das Gutachten wurde 2019 fertiggestellt.

Es beinhaltet die historische Analyse aller Gärten und Freiflächen und dokumentiert deren aktuellen Bestand. Aus diesen Ergebnissen schlussfolgernd wird der Bestand und das aktuelle Erscheinungsbild bewertet. Darüber hinaus werden für alle Flächen gartendenkmalpflegerische Ziele und Maßnahmenempfehlungen formuliert. Ausnahmen bilden hier jedoch die beiden Privatgrundstücke Rathenaustraße 9 und Friedrich-Ebert-Straße 112, die zwar bei der historischen Analyse, nicht aber bei der Dokumentation berücksichtigt werden konnten. Wünschenswert wäre es natürlich, dies nachzuholen.

Die Quellen

Die Quellenlage zu den einzelnen Gärten fällt sehr unterschiedlich aus (Seite 63). Dokumente wie Pläne, Fotografien oder Schriftliches sind nicht für alle Objekte erhalten geblieben, widersprechen sich oder enthalten für Fragen nach der gärtnerischen Gestaltung keine relevanten Informationen. Beispielsweise berücksichtigten nur wenige Architekten in ihrem Entwurf die Gestaltung des Gartens.

Der Entwurf von Josef Frank für den Garten der Rathenaustraße 13 wurde nicht realisiert. Im vorderen Gartenbereich zur Rathenaustraße war ein Steingarten aus Feldsteinen und Stauden geplant. Die Terrasse sollte mit »Kehlheimerplatten« verlegt werden. Unregelmäßig verlegte Plattenwege führen vorbei an Rasenflächen zum hinteren Kiesplatz.

Die Aufnahme von 1927 zeigt das von Max Taut entworfene Einfamilienhaus. Im Vordergrund liegt der Garten der Rathenaustraße 13. Die Terrasse ist von einer niedrigen Hecke eingefasst. Eine Rasenböschung überbrückt den Geländeabfall zum Staudenbeet, durch das ein Weg aus polygonalen Natursteinplatten führt.

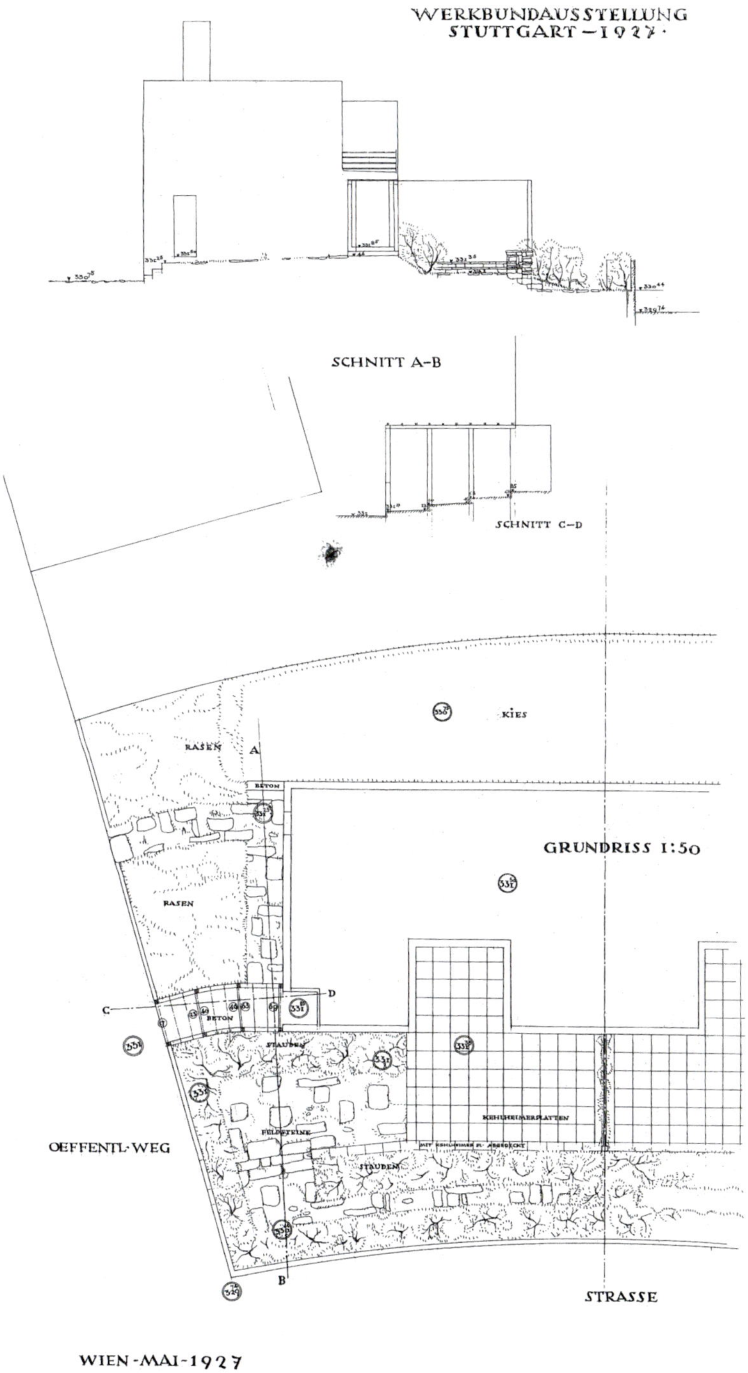

Im Fokus der Fotografien von Dr. Otto Lossen steht die Architektur. Die unmittelbar angrenzenden Gartenbereiche sind nur in Ausschnitten abgelichtet: Zu Füßen des Gebäudekomplexes von Mart Stam liegen der Garten des Einfamilienhauses von Adolf Rading sowie der rückwärtige Garten der Rathenaustraße 13 mit altem Kirschbaum und Rasenböschung.

Katrin Schulzes Recherche zeigt, dass auf der einen Seite die meisten dieser Entwürfe nicht umgesetzt wurden und es auf der anderen Seite in manchen Gärten Gestaltungsansätze gab, für die keine Entwürfe vorlagen oder sich zumindest bis heute diesbezüglich keine Dokumente finden ließen. Fotografien aus der Entstehungszeit existieren nur jene in Schwarz-Weiß von Dr. Otto Lossen, der über die Exklusivrechte verfügte. Der Fokus liegt bei diesen jedoch auf der Darstellung der Architektur. Die Gärten sind nur vereinzelt und ausschnittweise mit abgelichtet worden.

Auf der Aufnahme von 1927, die während der Ausstellung entstand, ist die Bepflanzung aus Schwarzkiefern und Buchen oberhalb des Südhanges vom Einfamilienhaus von Le Corbusier und Pierre Jeanneret deutlich zu erkennen. Heute sind sie so groß, dass das Gebäude dahinter nur noch zu erahnen ist.

Damals, gestern, heute

Die Gärten wurden im gleichen Eiltempo hergerichtet wie die Gebäude. Auch hier wirkte bei der Ausstellungseröffnung noch vieles unfertig und es muss sich ein recht uneinheitliches Bild geboten haben.

Eine großflächige Veränderung brachte der Zweite Weltkrieg. Durch Bombeneinschläge waren einige Häuser beschädigt oder gar zerstört worden. Die hohe Strukturvielfalt innerhalb der Siedlung wurde durch den uneinheitlichen Umgang in den Jahren des Wiederaufbaus fortgeführt. Gartengrenzen und Gestaltungselemente sind durch die Ersatzbauten aus den 1950er-Jahren teilweise verschoben und verändert worden. Des Weiteren haben die BewohnerInnen durch ihre jeweilige Gartennutzung ein individuelles Bild hinterlassen. Letztlich sind aber auch in der Vergangenheit uneinheitlich durchgeführte Sanierungsmaßnahmen dafür mitverantwortlich.

Heute herrscht ein Konglomerat von Elementen aus verschiedenen Zeitschichten vor. Die Nachkriegszeit dominiert auch in den Gärten der Originalbauten. Dies wird vor allem bei Wegebelägen spürbar. Markante individuelle Merkmale der Ursprungsgestaltung, etwa eine herabgesetzte Rasenfläche oder ein Serpentinenweg, sind verschwunden. Aus der Anfangszeit der Siedlung sind vereinzelte Schwarzkiefern und Rotbuchen erhalten. Durch ihre Größe und exponierte Lage sind diese heute prägend für den Straßenraum. Die Grundstücke der Originalbauten weisen noch die historische Gliederung in Terrasse, Garten und hofähnlichen Bereich auf.

Legende

Quellenlage historische Fotografien

Quellenlage (relativ) gut:
Mehrere aussagekräftige Fotos aus der Entstehungszeit, verschiedene Bereiche des Gartens abgebildet

Quellenlage mittel:
Wenige Fotos aus der Entstehungszeit

Quellenlage schlecht:
Sehr wenige/keine Fotos aus der Entstehungszeit

Quellenlage historische Pläne

Gartenentwurf von 1927
ausgeführt/überwiegend ausgeführt

Gartenentwurf von 1927
nicht ausgeführt

Lageplan (Entwurf ohne Bestand) nach 1945
mit Angaben bzw. zu Teilbereichen

Bestandsplan 1082 (M:100)

Gebäudebestand

Originalbauten 1927 bis 1933

Ersatzbauten nach 1945

Originalbau (Neubau) 1957

Der Gartenbereich zwischen den Gebäuden von Peter Behrens und Mart Stam ist nur ein Beispiel für die gestalterischen Veränderungen im Laufe der Jahrzehnte sowie den damit häufig einhergehenden Verlust von Originalsubstanz.

Zukunftsvisionen

Die Weißenhofsiedlung ist ein immanentes Beispiel für die Lebendigkeit von Gartendenkmalen. Nicht nur wegen ihres vegetabilen »Baumaterials«, sondern auch aufgrund ihrer Handhabung sind sie durch einen steten Wandel geprägt. Wie aber geht man mit solchen Kulturdenkmalen um? Was genau gilt es zu bewahren? Wo darf man eingreifen?

Im Verlauf des 20. Jahrhunderts wurde die Einfassungsmauer abgetragen und die Rasenfläche mit einer geschnittenen Hecke umfasst.

Allein aufgrund der immer schon fehlenden gärtnerischen Gesamtgestaltung und der insgesamt sehr lückenhaften Quellenlage ist eine Rekonstruktion des historischen Zustandes in den meisten Fällen ausgeschlossen. Zu wenig Informationen sind über den »Urzustand« überliefert. Gartendenkmalpflege bedeutet nicht, verloren gegangene Bilder wiederherzustellen, sondern erhaltene Substanzen zu bewahren und ebenso erhaltene, aber verunklärte Bilder wieder sichtbar zu machen.

Auch eine einheitliche gartendenkmalpflegerische Bewertung sowie ein einheitlicher Umgang mit allen Gärten der Weißenhofsiedlung ist nicht möglich. Wir haben es hier mit einem heterogenen Gefüge von Einzelobjekten zu tun, die auch als solche zu behandeln sind. Die Problematik diesbezüglich stellt sich auch im Hinblick auf die unterschiedlichen Zeitschichten: Die Originalbauten von 1927, die nur wenige Jahre später errichteten und teils mit der Weißenhofsiedlung verbundenen Bauten der Beamtensiedlung sowie letztlich die Nachkriegsbauten. Alle drei Bauphasen haben die Gestaltung der Grünflächen geprägt. Alle drei Gebäudegruppen sind Kulturdenkmale.

Was bis heute erhalten geblieben ist, ist der heterogene Eindruck der Weißenhofsiedlung. Er stellt das Charakteristikum für den Außenraum dar und ihn gilt es zu bewahren. Eingriffe müssen daher sehr behutsam geschehen.

Eine Aufwertung des Außenraums wäre bereits durch einfache pflegerische Maßnahmen zu erzielen. Dazu gehören auch Unterhalts- und Instandsetzungsmaßnahmen an den Mauern oder ein Konzept zur Unterbringung von Müllanlagen. Eine Veränderung in den Gärten kann z. B. in Zusammenarbeit zwischen NutzerInnen, EigentümerInnen und Denkmalpflege in Form eines Mustergartens entwickelt werden. Die Bestandserfassung von Katrin Schulze bietet dafür eine gute Grundlage, die um weitere, gartenarchäologische Untersuchungen, beispielsweise ein nicht invasiven Georadar, zu ergänzen wären. Je nach Baujahr des Hauses, dem überlieferten Zustand des Gartens und der Quellenlage können die künftigen Veränderungen kleiner oder größer ausfallen.

In den 1980er-Jahren wurde sie wiederhergestellt und die ehemals freie Rasenfläche mit Sträuchern und Koniferen bepflanzt. Heute wird der Straßenraum durch eine groß gewachsene Fichte dominiert.

Im Fokus:

Zeitzeugen der nunmehr bald 100-jährigen Geschichte der Werkbundsiedlung auf dem Weißenhof

Herbert Hirche

Anton Stankowski

Arno Votteler war prägendes Mitglied des Deutschen Werkbunds. Er erhielt 1975/76 den Ruf an die Staatliche Akademie der Bildenden Künste Stuttgart als Nachfolger seines Lehrers Herbert Hirche. Hier gründete er 1980 das **Institut für Innenarchitektur und Möbeldesign** und initiierte die international ausgerichteten **Weißenhofseminare**. Der Werkbundsiedlung auf dem Weißenhof von Kind an verbunden, gehörte er dem Kreis der Gründer des Vereins **Freunde der Weißenhofsiedlung** an und war langjährig in dessen Vorstand. Im Rahmen eines Filmprojektes über sein Leben von Renate Gebeßler und Jörg J. Berchtold wurde auch sein Lehrstuhl und der Komplex Weißenhofsiedlung thematisiert. Für die vorliegende Veröffentlichung fanden von November 2019 bis Februar 2020 vier Gespräche statt, die im folgenden Text zusammengefasst sind.

Herta-Maria Witzemann

Wilfried Max Beck-Erlang

Frei Otto

Aufgezeichnet von Jörg J. Berchtold

Arno Votteler (1929–2020): Gespräche zur Weißenhofsiedlung

August Gebeßler

Walter Knoll

Frank R. Werner

Bodo Rasch

Mia Seeger

JB Lieber Arno, die Weißenhofsiedlung durchdringt dein Leben vielfältig und war für dich wesentlich. Wie ist dein Bezug zur Siedlung? Wann warst du das erste Mal dort?
AV Als Erstes hat mein Vater uns Kindern bei einem Sonntagsausflug mit dem Auto die Siedlung gezeigt. Das hat mich schon sehr beeindruckt. 1948 habe ich dann als Zwölftklässler an der Tür von Adolf Gustav Schneck[1] geklingelt, eine Mappe mit Zeichnungen unter dem Arm. Ich wollte fragen, ob ich ohne Abitur bei ihm studieren kann. Er wohnte da noch im Keller seines Hauses. Das Dach war kriegsbeschädigt, nur geflickt. »Machen Sie mal eine Schreinerlehre vorab«, hat er gesagt.

JB So kam es ja dann auch. Danach, von 1954 bis 1956, warst du als Student an der Akademie und damit direkt neben der Siedlung.
AV Ja, ich habe bei Herbert Hirche[2] und Herta-Maria Witzemann[3] studiert. Hirche war bei Mies van der Rohe[4] im Büro, für ihn war Mies das Maß, die Weißenhofsiedlung ein Muss. Der Zustand der Siedlung war 1954 allerdings sehr schlecht. Keine Wohnung war zu besichtigen, vieles nicht mehr original. Man spürte die Zerstörung, der Krieg war da noch gegenwärtig.

JB Nach deinen Jahren an der Werkkunstschule Braunschweig wurdest du 1975/76 an die Akademie nach Stuttgart berufen und hast den Lehrstuhl von Herbert Hirche übernommen, dann das **Institut für Innenarchitektur und Möbeldesign** gegründet, das heutige **Weißenhof-Institut**. Herbert Hirche war der direkte Nachfolger von Adolf Gustav Schneck. Ihm hast du ja dann 1983 die Ausstellung **Schneck** gewidmet. Wie war das, als du an die Akademie zurückgekommen bist, nun als Professor?
AV Ich war nicht das Original, das war Herbert Hirche. Er hat zwei Ausstellungen in Stuttgart gemacht, im Landesgewerbeamt, und hat im Büro Mies van der Rohe mitgearbeitet, war auch am Bauhaus in Dessau. Er war Zeitzeuge.

JB Ein Jahr nach Übernahme seines Lehrstuhls wurde im kleinen Kreise der 50. Jahrestag der Weißenhofsiedlung gefeiert. Wie war deine Verbindung zum sich hier bildenden Kreis?
AV Die Verbindung war über den Werkbund sofort eng mit der Gruppe um Bodo Rasch, mit Mia Seeger,[5] Anton Stankowski und Frei Otto. Alle waren Werkbündler, der Werkbund spielte die entscheidende Rolle. Ich war da schnell mittendrin. Ich hatte ja einen Schlüssel zur Akademie, da konnte man sich treffen, wenn es im **Milchladen**[6] zu eng wurde. Die Akademie war der Siedlung immer sehr verbunden. Alle trafen sich auch bei mir und meiner Frau Dori zum Essen.

JB Im Jahr 1979 wurde aus diesem Kreise heraus dann der Verein **Freunde der Weißenhofsiedlung** gegründet. Wie habt ihr die Siedlung wieder zum Leben erweckt und der Öffentlichkeit ins Bewusstsein gebracht? Wer waren die bestimmenden Persönlichkeiten dabei?
AV Wilfried Beck-Erlang war wesentlich. Er hat das Architekturforum gegründet, die Architekturgalerie im Behrensbau, und hatte die Idee mit den Plakaten. Es wurde kein Buch gemacht, sondern wichtige Plakate, bergeweise. Sie zeigten alle aufgemessenen Häuser, die waren da ja nicht zugänglich. Die Plakate druckten wir selber in der Küche der Akademie. Wir gingen hausieren damit, auf Ausstellungen. In Rom war ich dabei, in Istanbul nicht. Marokko. Rom, eine Ausstellung direkt am Regierungssitz. Das kam zustande durch Beck-Erlangs Beziehung zur deutschen Villa Massimo, das war der Türöffner. Auch Frank Werner war dabei. Wir stellten an den Universitäten aus, im Zentrum, immer an einem zentralen Platz. Die Schweiz war schon im Boot durch Alfred Roth[7] und Mailand durch den engen Kon-takt durch das Landesgewerbeamt mit Dr. Reuss. Immer gab es die Plakate und das Buch von Jürgen Joedicke.[8] In Holland waren wir auch auf Besuch im Haus von Gerrit Riethfeld. Hatten eine tolle Führung von zwei Damen. Beck-Erlang meinte, sowas könnten wir doch auch in Stuttgart

1 Adolf Gustav Schneck (1883–1971), Architekt, Möbelbauer und Hochschullehrer in Stuttgart, der vor allem auch im Kontext des Bauhauses mit dem Stil des Neuen Bauens bekannt wurde. Erbauer zweier Häuser auf dem Weißenhof 1927. Nach Verkauf der Siedlung an den Bund zog er aus seinem Haus in der Weißenhofsiedlung in die Lehnbachstraße.

2 Herbert Hirche (1910–2002), Architekt, Innenarchitekt, Möbel- und Produktdesigner, Hochschullehrer an der Kunstakademie Stuttgart (1952–1975). Studierte am Bauhaus Dessau und Berlin 1930 bis 1933, Mitarbeit im Büro Ludwig Mies van der Rohe 1934 bis 1938.

3 Herta-Maria Witzemann (1918–1999), Innenarchitektin, Möbeldesignerin, Hochschullehrerin und Präsidentin des Bundes Deutscher Innenarchitekten.

4 Mies van der Rohe (1886–1969), einer der bedeutendsten Architekten der Moderne, Leiter der Werkbundausstellung **Die Wohnung** 1927, Entwurf des Bebauungsplans und Auswahl der teilnehmenden Architekten der Weißenhofsiedlung. Seit 1924 Mitglied im Deutschen Werkbund.

machen. Das war die Idee, hier etwas Ähnliches hinzusetzen – eine Infostelle, Souvenirs und Bücher zu verkaufen.

JB Du hast früher beschrieben, dass du dich anfangs im Institut über die vielen fremden BesucherInnen gewundert hast, die du von deinem Fenster aus durch die Siedlung streifen sahst?
AV Die Gruppe um Dorothee Keuerleber hat früh das Thema **ausländische Gäste** erkannt und Listen darüber geführt. Die BesucherInnen kamen hauptsächlich aus Israel, Tel Aviv, es kamen viele Japaner, Designer, Studierende. Sie veranstaltete Führungen. Im Ausland spielte die Siedlung immer schon eine große Rolle. Die Weißenhofsiedlung war da schon ein Markstein in der Ausbildung zu Architektur und Städtebau weltweit.

JB Der Name Mies van der Rohe schwebt über der Siedlung, er war federführend und verantwortlich für den Bebauungsplan und die Auswahl der Architekten. Was fällt dir zu ihm ein?
AV Frei Otto wusste, dass Mies van der Rohe ein weltbekannter Name war, **Barcelona Pavillon 1929**. Typisch für die neue Richtung. Teuerstes Material, teuerste Plastik, wichtigste Leute. Schnörkelloses Bauen. Deshalb auch beste Qualität bis hin zum Teppich. Der **Barcelona Chair** war aber zum Sitzen untauglich, zwar teuerstes Leder, aber durch die Abnäher zum Sitzen untauglich. Mit Studierenden war ich da. Perfekte Wohnräume, in denen man nicht wohnen kann. Der Pavillon war eine Show.

JB Den Begriff **Show** verwendest du nicht abwertend, eher im Rahmen der Wirkung. Was ist Show auf den Weißenhof bezogen?
AV Die Häuser von Le Corbusier waren auch Showgebäude. Aber auch Ronchamps mit der genialen Lichtführung ist Show. Indirekt, Farben, modern, hohe, höchste Gestaltungsqualität. Le Corbusier war sehr wichtig, auch fürs Marketing, für die Öffentlichkeit.

JB Wie beurteilst du die Arbeit von Mies van der Rohe auf dem Weißenhof?
AV Mies hat die Grundlagen zum modernen Bauen versammelt und den Bezug zur Kunst, zur angewandten Kunst, zum Kunsthandwerk, wie man es damals nannte, hergestellt. Dass es gelungen ist, international so wichtige Architekten zu gewinnen, die mitmachten, hat die Siedlung in der Welt draußen so bekannt und bedeutend gemacht.

JB Was ist aus deiner Sicht interessant an dem Gesamtkonzept der Ausstellung von 1927?
AV Es war der Beginn der Moderne, auch für die Ausbaufirmen, die Möbelfirmen. Alle Firmen waren mit der Siedlung verbunden und viele Fabrikanten waren Werkbundmitglieder. Die Möbelleute waren ja aus dem Handwerk gewachsen, siehe Polstermöbel, und kamen hinein in die Industrie. Da mussten sie sich von anderen unterscheiden, weil sie im Wettbewerb standen. Die suchten Vorbilder und hatten keine Beispiele, so zum Beispiel Walter Knoll. Die Leute vom Bauhaus wurden für sie richtungsweisend. Das war die Basis, einen Weg zu finden, an der Moderne teilzuhaben. Alle profitierten, weil es eine internationale Ausstellung war.

JB Die damalige Verknüpfung der Firmeninteressen mit der Siedlung ist spannend. Das entspricht dem Grundgedanken deines Instituts. Mit der Begründung der **Weißenhofseminare** hast du, schon allein durch die Namensgebung, an die internationale Bedeutung der Siedlung angeknüpft.
AV Für mich war es interessant, das Studium mit der Praxis zu verbinden, mit UnternehmerInnen und Unternehmen zusammenzuarbeiten. Internationale Persönlichkeiten konnte ich so ansprechen und gewinnen. Viele kamen, nahmen an den Seminaren teil. Die **Weißenhofseminare** waren deshalb sofort international ausgerichtet.

5 Mia Seeger (1903–1998), »Grande Dame« des Designs, Ausstellungsmacherin für den Werkbund ab 1924, **Form ohne Ornament**, **Die Wohnung** 1927, in der Organisation der Weißenhofsiedlung maßgeblich tägig. Öffentlichkeitsarbeit für die Beteiligten. Designtheoretikerin, Autorin. 1983 Gründung der Mia Seeger Stiftung.

6 Im ehemaligen kleinen Milchladen im Mehrfamilienhaus von Mies van der Rohe wurde eine Besucherinformation zur Siedlung auf dem Weißenhof eingerichtet, seit 1987 mit einer kleinen Weißenhof-Dauerausstellung und angebotenen Führungen.

7 Alfred Roth (1903–1998), Schweizer Architekt und Hochschullehrer, Wortführer der Moderne. 1927–1928 Mitarbeiter im Atelier Le Corbusier und Pierre Janneret in Paris. Bauleiter bei den beiden Corbusier-Häuser der Weißenhofsiedlung.

8 Jürgen Joedicke (1925–2015), Architekt, international renommierter Architekturtheoretiker und Hochschullehrer, Gründer und Leiter des **Institut für Grundlagen der modernen Architektur** (IGmA) 1967–1993. Verfasser des Buches: **Die Weißenhofsiedlung** Stuttgarter Beiträge 4, 1968, Karl Krämer Verlag, Stuttgart.

JB 1980 erfolgte die erste Sanierung. Im Jahr 2002 konnte die Stadt Stuttgart zum 75. Jubiläum der Weißenhofsiedlung das Doppelhaus von Le Corbusier und Pierre Jeanneret von der Bundesvermögensverwaltung erwerben.
AV Bodo Rasch und Mia Seeger haben damals 2002 den Kontakt bezüglich des Le-Corbusier-Hauses mit der Stadt Stuttgart hergestellt. Mia Seeger hat ja noch am originalen Le-Corbusier-Haus mitgearbeitet. Bodo Rasch hat mich dann für die Verhandlungen mit der Oberfinanzdirektion hinzugezogen, die für den Kauf, die Sicherung und Sanierung der Gebäude zuständig war. Zu zweit verhandelt es sich besser. August Gebeßler war der Präsident des Landesdenkmalamtes. Alfred Roth kam aus der Schweiz mit Farbmustern, die er im Geldbeutel hatte. [Diese Aussage bezieht sich auf die erste Sanierung]. Mithilfe der Wüstenrot Stiftung wurden die finanziellen Möglichkeiten geschaffen. Die hatten auch immer einen Mann drin, der prüfte, ob das Geld richtig verwendet wurde.

JB Die Sanierung des Doppelhauses von Le Corbusier und Pierre Jeanneret wurden 2005 abgeschlossen. Das hier eingerichtete Weißenhofmuseum kann als einziges Gebäude der Siedlung von innen besichtigt werden. 2016 wurden die Häuser von Le Corbusier zu UNESCO-Weltkulturerbestätten erklärt.

JB Lieber Arno, zum Abschluss unserer Gespräche möchte ich dir die Frage der Werkbundausstellung von 1927 neu stellen: »Wie wohnen?«, »Wie wohnen – heute?«
AV Die Anforderungen ans Wohnen verändern sich grundlegend. Generationenübergreifend sollte es sein. Sich nicht auf Möbel konzentrieren, sondern aufs Wohnen, räumlich additiv wie bei Oud. Treffpunkte, Kommunikation, alles unter einem Dach. So wie in einem Schwarzwaldhof, da waren sogar die Tiere mit dabei. Also ein uraltes Thema, heute jedoch auf freiwilliger Basis.

JB Wie wäre dies konkret umzusetzten? Wie wäre es heute anzugehen?
AV Das Wohnen darf nicht vom privaten Wohnen aus gedacht werden. Wohnen ist heute beweglicher geworden. Der Bedarf ist heute ein anderer. Im eigenen Wohnbereich nur die Dusche, ein WC, das Notwendigste. Kosten sparen dann über Teilen und Gemeinsames, zum Beispiel eine gemeinsame Waschmaschine. Gemeinsames erlaubt eine wesentlich großartigere Umsetzung, zum Beispiel ein Bad mit Fitness, eine Lounge, eine gemeinsame Dachterrasse.

JB Wie wäre deine Forderung an die Zukunft mit einem Satz?
AV Es stellt sich die Frage nach bezahlbarem Wohnen für ein limitiertes Budget auf limitierten Quadratmetern. Meine Forderung ist: **Wohnen muss wieder bezahlbar sein!**

Le Corbusier und Alfred Roth

Buchumschlag gestaltet von Willi Baumeister: Alfred Roth, **Zwei Wohnhäuser von Le Corbusier und Pierre Jeanneret,** Geleitwort von Prof. Dr. Hans Hildebrandt, Akad. Verlag Dr. Fr. Wedekind & Co., Stuttgart 1927, Reprint Karl Krämer Verlag, Stuttgart 1977

Von links: Gustaf Stotz, unbekannt, Mies van der Rohe, Le Corbusier auf dem Weißenhof, November 1926

DIE FORM
MONATSSCHRIFT FÜR GESTALTENDE ARBEIT
2. JAHR
HEFT 3
1927

Mies van der Rohe
in einem Briefwechsel mit
Dr. Walter Riezler,
Herausgeber der Zeitschrift
Die Form, Ausgabe 2, 1927,
Seite 59

Ich wende mich nicht gegen die Form, sondern nur gegen
die Form als **Ziel.**
Und zwar tue ich das aus einer Reihe von Erfahrungen heraus
und der dadurch gewonnenen Einsicht.
Form als Ziel mündet immer in Formalismus.
Denn dieses Streben richtet sich nicht auf ein **Innen,**
sondern auf ein **Außen.**
Aber nur ein lebendiges **Innen** hat ein lebendiges **Außen.**
Nur Lebensintensität hat Formintensität.
Alles **Wie** wird getragen von einem **Was.**
Das Ungeformte ist nicht schlechter als das Übergeformte.
Das eine ist nichts, und das andere ist Schein.
Wirkliche Form setzt wirkliches Leben voraus.
Aber kein Gewesenes und auch kein Gedachtes.
Hier liegt das Kriterium.
Wir werten nicht das Resultat, sondern den Ansatz
des Gestaltungsprozesses.
Gerade dieser zeigt, ob vom Leben her die Form
gefunden wurde, oder um ihrer selbst willen.
Deshalb ist mir der Gestaltungsprozeß so wesentlich.
Das Leben ist uns das Entscheidende.
In seiner ganzen Fülle, in seinen geistigen und realen Bindungen.
Ist es nicht eine der wichtigsten Aufgaben des Werkbundes,
die geistige und reale Situation, in der wir stehen, aufzuhellen,
sichtbar zu machen, ihre Strömungen zu ordnen und dadurch
zu führen?
Muß man nicht alles andere
den schöpferischen Kräften überlassen?

AutorInnen

Jörg J. Berchtold
Studium der Architektur an der Universität Stuttgart, Diplom **1998**. Gaststudent an der Staatlichen Akademie der Bildenden Künste Stuttgart. **1991–1992**, Institut Prof. Arno Votteler. **1998** Gründung von **Berchtold Projekte.** Seither Arbeiten über Möbel, Sonderkonstruktionen hin zur Architektur. Individuelle Architekturprojekte und Umsetzung von Kunstobjekten für renommierte Künstler und Designer, u. a. **2006–2007** Hans Magnus Enzensberger: Realisierung von zwölf seiner 18 Kunstobjekte **WortSpielZeug**. Seit **2005** Arbeiten für das Joseph Walsh Studio/Irland. **2013** Berufung in den DWB. **2016–2017** Filmprojekt, mit Prof. Renate Gebeßler: **Arno Votteler im Gespräch**. **2016** Projekt der Stuttgarter Stadtgruppe des DWB **Stadtraum in Bewegung**.

Thomas Ferwagner
Dipl.-Ing. (Architektur + Design). Schreinerlehre, Studium an der Staatlichen Akademie der Bildenden Künste Stuttgart. **1990** Diplom bei Prof. Arno Votteler zum Thema **Leichte Flächentragwerke bei Sitzmöbeln.** Bereits 1989 Gründung des eigenen Büros **Officium**. Zunächst Produkt-, Interior- und Möbeldesignprojekte mit mehreren Patenten, bald entwickelten sich vorgespannte Netz- und Seilkonstruktionen zum Schwerpunkt des Büros. Seither weltweit außergewöhnliche Projekte in den Bereichen Zooarchitektur, Kunst + Freizeit, Sicherheit und Leichtbau. Angesichts der engen Beziehung zwischen Form und Konstruktion erbringt **Officium** gesamtheitlich die Gestaltungs- und Tragwerksleistungen in allen Leistungs- und Realisierungsphasen. **2016** Berufung in den DWB.

Siegfried Gaß
Prof. Dr.-Ing., freier Architekt. Studium der Architektur in Stuttgart und Kopenhagen. Langjähriger wissenschaftlicher Mitarbeiter am Institut für leichte Flächentragwerke der Universität Stuttgart – Leitung Prof. Dr.-Ing. Frei Otto. Promotion: **Experimente – physikalische Analogmodelle im architektonischen Entwerfen**. Architekturbüro **archcon** mit Dipl.-Ing. Hannelore Raisch-Gaß mit den Schwerpunkten Bauen mit Kindern und Jugendlichen und Leichte Flächentragwerke. Professur für Baukonstruktion und Entwerfen im Fachbereich Stadtplanung der Hochschule Nürtingen für Wirtschaft und Umwelt. Mitglied des Vorstands des DWB Baden-Württemberg.

Inken Gaukel
Studium der Architektur an der Universität Stuttgart, Diplom **1991**, sowie Studium der Philosophie und Kunstgeschichte. Angestellte Tätigkeit als Architektin, seit **2006** freiberuflich als Architekturhistorikerin, Kuratorin und Bauforscherin. **2009–2016** Lehraufträge am Institut für Kunstgeschichte der Universität Stuttgart, **2013–2016** Projekt Wissensspeicher Weißenhofsiedlung im Landesamt für Denkmalpflege BW (LAD), seit **2020** Referentin für Wissensspeicher Weißenhofsiedlung und Welterbe im LAD. **2020** Berufung in den DWB.

Wolfram Janzer
Studierter Architekt, Künstler und Architekturfotograf. Architektur- und Kunstdokumentationen, zahlreiche Bücher und Ausstellungen u. a.: **1985** zweibändige Monografie über den italienischen Landschaftsgarten von Bomarzo (mit Horst Bredekamp). **2006 Skulpturen des 20. Jahrhunderts in Stuttgart**, Kehrer Verlag. **2010** Berufung in den DWB. **2015 Le Corbusier und die drei provenzalischen Schwestern**. **2016** DWB-Projekt **Stadtraum in Bewegung**. Vorträge, Seminare, diverse Lehraufträge, u. a. Institut für Kunstgeschichte der Uni Stuttgart.

Raquel Jaureguízar
Dr.-Ing., Architektin. **1995–2004** Klavierstudium in Madrid. **2004** Studium der Architektur und Stadtplanung an der ETSAM in Madrid, Diplom **2012. 2007** Mitarbeit im OCAM und bei Gonzalo Moure Arquitecto, Madrid. **2008–2010** Studium Architektur und Stadtplanung in Hannover. **2009–2011** Mitarbeit bei WP ARC, Hannover, und L'AUC, Paris. **2012** Mitarbeit bei Alexander Brenner Architekten, Stuttgart. Seit **2013** Architekturführerin im Weißenhofmuseum/Weißenhofsiedlung, Stuttgart. **2016–2018** freie Mitarbeit für die Dauerausstellung im StadtPalais und die Bildredaktion des Museumskatalogs **Das Wilhelmspalais**, Stuttgart. **2017** Promotion an der Fakultät 1 Architektur und Stadtplanung der Universität Stuttgart: **The Siedlungen and Sáenz de Oíza's Social Housing: a Spanish Case Study**. **2017** Berufung in den DWB. Seit **2018** Projektleiterin, IBA2027 StadtRegion Stuttgart.

Michael Kimmerle
1977 Studium Grafik-Design an der SHfBK Braunschweig und **1978–1982** an der Akademie der Bildenden Künste Stuttgart. **1984** Art Director in Düsseldorf. **1986** Assistent des Rektorats bei Prof. Manfred Kröplien an der Kunstakademie Stuttgart. Seit **1989** freier Art Director im eigenen Büro **ART Direction + Design.** Diverse Gestaltungen für Kulturinstitutionen, Museen, Verlage und angewandte und freie KünstlerInnen, Lehraufträge u. a. an der BA/DHBW Ravensburg im Fachbereich Mediendesign. **2016** Berufung in den DWB. **2019** Veröffentlichung der Bilderbücher **Hommage au Bauhaus – Typo-Essay** und **Fiktive und echte Bauhaus-Ikonen**.

Christof Luz
Dipl.-Ing., Landschaftsarchitekt. Freiberuflich tätig seit **1980**, davor Gesellenjahre in München und Berlin. **1999** Gründung des Büro Luz, Landschaftsarchitektur in Stuttgart in Fortführung des ehemaligen Büros **Luz + Partner.** Arbeitsschwerpunkte: Objektplanungen, Gartenschauen, Entwicklungskonzeptionen, Städtebau, Gestaltung von Verkehrsbauwerken, Pflegekonzeptionen, Grünordnungsplanung, temporäre Ereignisse und Installationen, Wettbewerbe. **2001–2006** Vizepräsident des Bundes Deutscher Landschaftsarchitekten. **2008–2013** Mitglied im Präsidium, Mitglied im Landesvorstand der Architektenkammer Baden-Württemberg, Vertreter Fachrichtung Landschaftsarchitektur (seit **2010**); davor Mitglied in diversen Gremien (Arbeitskreis **Landschaftsplanerische Leistungen,**

Bezirkswettbewerbsausschuss, Landeswettbewerbsausschuss, Eintragungsausschuss). Lehraufträge, Gastvorlesungen, Vorträge im In- und Ausland, Publikationen, Preisrichtertätigkeit, Mitglied in Gestaltungsbeiräten.

Susann Seyfert
Studium der Kunstgeschichte und Denkmalpflege an der TU Berlin sowie Publizistik- und Kommunikationswissenschaften an der FU Berlin, Magister **2006. 2007–2008** wissenschaftliches Volontariat im Landesamt für Denkmalpflege BW (LAD), **2008–2014** Gebietsreferentin im Referat Denkmalpflege des RP Tübingen, **2015–2018** Gebietsreferentin sowie seit **2015** Referentin für Welterbe im LAD, seit **2020** Leitung des Fachgebiets Spezialgebiete und Welterbe im LAD.

Henrike von Werder-Zyprian
Studium der Kunstgeschichte, Medien- und Kommunikationswissenschaften an der Universität Düsseldorf, B. A. **2010**, sowie Garden History an der University of Bristol (GB), M. A. **2011**. Freiberufliche Tätigkeiten im Bereich Museumspädagogik und Öffentlichkeitsarbeit. **2016–2018** wissenschaftliches Volontariat bei den Staatlichen Schlössern und Gärten BW. **2019** Lehrauftrag an der TU München, wissenschaftliches Volontariat im Landesamt für Denkmalpflege BW (LAD). Seit **2020** Referentin für Gartendenkmalpflege im LAD.

Bildnachweis

Vorsatz: Bau und Wohnung, 1927, S. 10
S. 2 Heinz und Bodo Rasch: Wie Bauen?, o. J. [1928] • Ehrenkarte, © F.L.C. • Klebemarke, © Archiv Baumeister im Kunstmuseum Stuttgart
S. 4 W. Gräff in the Aubette, 1927, Foto: anonym
S. 5 Briefmarke, © Archiv Baumeister im Kunstmuseum Stuttgart
S. 6/7 Stadtarchiv Stuttgart, Foto: Dr. Otto Lossen
S. 10/11 Stadtarchiv Stuttgart, Foto: anonym
S. 12 o. Stadtarchiv Stuttgart, Foto: Hans Boettcher • **u.** Stadtarchiv Stuttgart, Postkartensammlung
S. 13 © Mercedes-Benz Classic
S. 14/15, 24, 27, 29, 30/31, 32, 35, 36, 38, 54 Fotos: Wolfram Janzer
S. 16 o. Reichsforschungsgesellschaft, Sonderheft Nr. 6, Gruppe IV, Nr. 3, 2. Jg., April 1929, S. 3 • **u.** Der Baumeister, 1927, S. 302
S. 17 o. Strähle, Luftbild Nr. 4856 • **u.** Luftbild Nr. 32679
S. 18 o. Die Form, 1927, S. 271 • **u.** Stadtarchiv Stuttgart, Foto: LHS Stuttgart, Stadtmessungsamt
S. 19 o. Landesmedienzentrum Baden-Württemberg, LMZ 950527, Foto: Sven Grenzemann • **u.** Staatliches Hochbauamt Reutlingen, Foto: Hermann Nägele
S. 20 o.l. LAD, Foto: Dr. Otto Lossen • **o.r.** Stadtarchiv Stuttgart, Foto: Dr. Otto Lossen
S. 21 o.l. LAD, Foto: Rose Hajdu • **m.l.** LAD, Foto: Michael Goer • **u.l.** LAD, Foto: Inken Gaukel • **r.** LAD, Foto: Iris Geiger-Messner
S. 22/23, 26 r.o., r.m., r.u., 28, 33 r.o., r.m., r.u., 34 r.o., r.m., r.u., 37 r.o., r.m., r.u., 39 Fotos: Michael Kimmerle
S. 25 l. Porträt P. Bruckmann, Foto: anonym, © Sammlung Werkbundarchiv – Museum der Dinge • **r.o., r.m., r.u.** Fotos: Raquel Jaureguízar
S. 26 r. © Mart-Stam-Archiv, Deutsches Architekturmuseum, Frankfurt am Main
S. 33 l. J. Frank, Foto: Lennart Nilsson, 1952, © Svenskt Tenn
S. 34 r./S. 44 A. G. Schneck, Wikipedia, Foto: anonym
S. 37 l. P. Behrens, Foto: anonym
S. 39 l. H. Scharoun, 1920, Akademie der Künste, Hans-Scharoun-Archiv, Nr. 3895, F. 2, Foto: anonym
S. 40/41, 62 o. Landesarchiv Baden-Württemberg, Staatsarchiv Freiburg, W 134 Nr. 002657, Foto: Willy Pragher
S. 42 o. Foto: Harris & Ewing • **u.** © Shawshots/Alamy Stock Foto
S. 43 o. B. Colomina, Foto: Annette Hornischer, Berlin • **m.** Behrensbau, Die Form, 1927, S. 296, Foto: Dr. Otto Lossen • **u.** Umschlag Bau und Wohnung, Archiv Baumeister im Kunstmuseum Stuttgart
S. 44 l. R. Döcker: Terrassentyp, 1929 • **r.** Foto Furter, Davos
S. 45 o. A. Schneck, Bau und Wohnung, 1927, S. 123 • **l.** Die Form, 1927, S. 267 • **r.o.** Landesarchiv Baden-Württemberg, Staatsarchiv Freiburg, W 134 Nr. 002663, Foto: Willy Pragher • **r.u.** R. Döcker: Terrassentyp, 1929
S. 46 Haus H. Poelzig, © Architekturmuseum der TU Berlin
S. 47 o.l. Landesarchiv Baden-Württemberg, Staatsarchiv Freiburg, W 134 Nr. 002656, Foto: Willy Pragher • **m.** Foto: Wolfram Janzer • **r.o.** Plakat Die Wohnung, erste Fassung, Entwurf W. Baumeister, © Archiv Baumeister im Kunstmuseum Stuttgart • **r.u.** Le Corbusier, Die Form, 1927, S. 275, Foto: Dr. Otto Lossen
S. 48 o. Le Corbusier in seinem Pariser Atelier, Paris, 1959, Foto: Rene Burri, © Museum für Gestaltung Zürich, ZHdK • **u.** Skizze von A. Roth, Zwei Wohnhäuser, 1927, S. 34, 3. Auflage, 2015, Karl Krämer Verlag, Stuttgart + Zürich
S. 49 Getanzte Harmonien, Foto: Paul Isenfels, 1926, Tanzgruppe von Ida Herion im Weißenburgpark, Stuttgart
S. 50 o. J. Baker, 1926, Foto: Karl G. Vollmoeller • **u.** © Foto: Chris Korner, DLA Marbach
S. 51 Le-Corbusier-Zeichnung von J. Baker, mit freundlicher Genehmigung von Ketterer Kunst GmbH und Co. KG • **r.u.** © F.L.C.
S. 52/53 Le Corbusier, Die Form, 1927, S. 272
S. 55 r.o., l.u. Foto: Luz + Partner
S. 56 o. C. Heicke, © Grünflächenamt der Stadt Frankfurt am Main • **u.** Luz + Partner
S. 57 o. Wikipedia • **u.** Luz + Partner
S. 58/59 © LHS Stuttgart, Stadtmessungsamt, 2019
S. 60 o. Landesarchiv Baden-Württemberg, Staatsarchiv Freiburg, W 134, Nr. 002665, Foto: Willy Pragher • **u.** Die Form, 1927, S. 286
S. 61 l. Staatliches Hochbauamt Reutlingen • **r.** Die Form, 1927, S. 295
S. 62 u. LAD, Foto: Inken Gaukel

Fortsetzung Bildnachweis

S. 63 Katrin Schulze, München
S. 64 o.l. © Constantin Beyer, Foto: Günther Beyer • **m.** Landesmedienzentrum Baden-Württemberg, LMZ 030118 • **u.l.** Staatliches Hochbauamt Reutlingen • **u.r.** Stadtarchiv Stuttgart, Foto: Joachim Schlenker
S. 65 LAD, Foto: Inken Gaukel
S. 66 Nachlass Herbert Hirche, 1980/81, © Sammlung Werkbundarchiv – Museum der Dinge, Foto: anonym • A. Stankowski, Selbstporträt, 1958, © Stankowski-Stiftung • H.-M. Witzemann, saai | Archiv für Architektur und Ingenieurbau, Werkarchiv: Herta-Maria Witzemann, Foto: anonym • W. M. Beck-Erlang, © K. Früh, Foto: anonym • F. Otto, © + Foto: Christine Kanstinger
S. 67 A. Votteler, Foto: Markus Benz, 2015 • A. Gebeßler, Foto: anonym • W. Knoll, Foto: anonym • F. R. Werner, Foto: Presseabteilung Uni Wuppertal, 2011 • B. Rasch, 1927, Foto: Heinz Rasch, Stuttgart, Deutsches Architekturmuseum Frankfurt am Main • M. Seeger, 1927, Mia Seeger Stiftung, Foto: anonym
S. 70 Le Corbusier und A. Roth in Zürich, 1939, Foto: Willy Boesiger, Foto-Bodé • Cover W. Baumeister, © Archiv Baumeister im Kunstmuseum Stuttgart
S. 71 Le Corbusier mit Mies van der Rohe, © F.L.C.
S. 72 L. Mies van der Rohe, 1931, © bpk/Kunstbibliothek, SMB, Photothek Willy Römer/Willy Römer
S. 73 W. Riezler, © Andreas Pauly
S. 77/78 Staatliches Hochbauamt Reutlingen

Impressum

Herausgegeben vom Deutschen
Werkbund Baden-Württemberg
Stadtgruppe Stuttgart
Anlässlich des 100-jährigen Jubiläums
der Gründung der Württembergischen
Arbeitsgemeinschaft des Deutschen Werkbunds

AutorInnen
Jörg J. Berchtold
Thomas Ferwagner
Siegfried Gaß
Inken Gaukel
Wolfram Janzer
Raquel Jaureguízar
Michael Kimmerle
Christof Luz
Susann Seyfert
Henrike von Werder-Zyprian

Gestaltung
Michael Kimmerle, Stuttgart

Korrektorat
Katrin Günther, Berlin

Druck
Offizin Scheufele, Stuttgart

ISBN 978-3-89986-352-9
Printed in Germany

Text auf Umschlaginnenseiten:
Walter Riezler: Die Bedeutung der Werkbundarbeit in Württemberg, in: Württembergische Arbeitsgemeinschaft des Deutschen Werkbunds (Hrsg.): **10 Jahre Werkbundarbeit in Württemberg,** Tagblatt-Buchdruckerei Stuttgart, 1930, S. 10 f.

Mit freundlicher Unterstützung von
archcon
Walter Knoll AG & Co. KG

Vertrieb
avedition GmbH
Senefelderstraße 109
70176 Stuttgart
kontakt@avedition.de
www.avedition.de